高等职业教育“十三五”精品工程规划教材

组态控制技术项目化教程

曾劲松 主 编

赵晓莹 副主编

武昌俊 主 审

電子工業出版社

Publishing House of Electronics Industry

北京 · BEIJING

内 容 简 介

本教材主要阐述了通用工业自动化组态软件 MCGS 的应用技术。全书共设有 6 个学习项目，每个项目实质上就是一个"以工作过程为导向"的模块，每个项目下又设有若干个任务。项目 1 为 MCGS 软件介绍，项目 2 至项目 5 分别讲述基于 MCGS 的机械手实时监控系统、液体混合搅拌实时监控系统、储液罐水位实时监控系统及自动线分拣单元实时监控系统的设计，项目 6 为基于 MCGS 组态软件的实训项目。

本书配备电子教案、授课计划、PPT、习题库及相关的学习网站（国家级教学资源库）。

本书可作为高职院校机电一体化、电气自动化、生产过程自动化、应用电子、电子信息工程、仪器仪表、计算机控制技术以及电子信息类专业的授课教材，也可作为相关社会机构的培训用书。

图书在版编目（CIP）数据

组态控制技术项目化教程 / 曾劲松主编. —北京：电子工业出版社，2018.6

ISBN 978-7-121-34623-1

Ⅰ. ①组… Ⅱ. ①曾… Ⅲ. ①自动控制—高等职业教育—教材 Ⅳ. ①TP273

中国版本图书馆 CIP 数据核字（2018）第 142633 号

责任编辑：郭乃明　　特约编辑：范　丽
印　　刷：北京七彩京通数码快印有限公司
装　　订：北京七彩京通数码快印有限公司
出版发行：电子工业出版社
　　　　　北京市海淀区万寿路 173 信箱　邮编　100036
开　　本：787×1 092　1/16　印张：12.75　字数：352 千字
版　　次：2018 年 6 月第 1 版
印　　次：2024 年 1 月第 11 次印刷
定　　价：33.00 元

凡所购买电子工业出版社图书有缺损问题，请向购买书店调换。若书店售缺，请与本社发行部联系，联系及邮购电话：（010）88254888，88258888。

质量投诉请发邮件至 zlts@phei.com.cn，盗版侵权举报请发邮件至 dbqq@phei.com.cn。

本书咨询联系方式：34825072@qq.com。

前　言

随着工业自动化水平的迅速提高和计算机在工业领域的广泛应用，人们对工业自动化的要求越来越高。种类繁多的控制设备和过程监控装置在工业领域的应用，使得传统的工业控制软件已无法满足用户的各种需求。在开发传统的工业控制软件时，一旦被控对象有变动，就必须修改其控制系统的源程序，导致其开发周期长；已开发成功的工控软件又由于每个控制项目的不同而使其重复使用率很低，导致其价格非常昂贵；在修改工控软件的源程序时，倘若原来的编程人员有变动，则必须由相对不那么熟悉软件具体设计情况的人接替，进行源程序的修改，因而更是提高了难度。通用工业自动化组态软件的出现为解决上述实际工程问题提供了一种崭新的方法，因为它能够很好地解决传统工业控制软件存在的种种问题，使用户能根据自己的控制对象和控制要求任意组态，高效完成最终的自动化控制任务。

组态（Configuration）即模块化组合。通用组态软件的主要特点如下。

（1）延续性和可扩充性。用通用组态软件开发的应用程序，当现场（包括硬件设备或系统结构）或用户需求发生改变时，不用进行很多修改就可以方便地完成软件的更新和升级。

（2）封装性（易学易用性）。通用组态软件所能完成的功能，都以一种方便用户使用的方法包装起来；对于用户，不用掌握太多的编程语言技术（甚至不需要编程技术），就能很好地实现一个复杂工程所要求的所有功能。

（3）通用性。每个用户都可根据工程的实际情况，利用通用组态软件提供的底层设备（智能仪表、智能模块、板卡等）的 I/O Driver 和开放式的数据库及画面制作工具，就能完成一项既能显示动画效果、实时处理数据、显示实时和历史数据和曲线，又具有多媒体功能和网络功能的工程，而且不受行业限制。

作为当今工业生产运行监控的核心技术，组态控制技术将机械技术、电工电子技术、PLC 技术、变频器技术、触摸屏技术、网络通信技术、传感器技术、信息技术等融为一体，在汽车制造、机械加工、食品加工、家用电器、石油化工、建筑材料等领域有着广泛的应用。

基于上述背景，并以高职机电一体化技术及相关专业人才培养方案为依据，我们组织了本书的编写。编者在全书编写过程中特别注重专业实践能力的培养，理论紧密联系实际，强调动手能力，同时兼顾知识的拓展与深入，在基本理论的基础上扩展了实际任务内容和拓展内容，以进一步提升学生的专业实践能力，为培养高素质技术技能型人才打下坚实基础。

本教材依据现代职业教育的特点，在深入研究“工学结合”人才培养模式的基础上，实施“以工作过程为导向”的模块化项目教学的课程改革模式，以完成实际工作任务为主导，重点培养学生的实践动手能力和自主学习能力，进而提高学生分析问题和解决问题的职业能力。模块化项目教学方法有利于培养学生的学习兴趣，突出能力本位，彰显职业教育特色。本教程以提升学生职业能力和综合素质为目标来设计课程教学内容和技能培训方案，力求把相关课程建设成为理论实践一体化的综合性核心课程。本书配备的教辅资源主要包括电子教案、授课计划、PPT、习题库及相关的学习网站（国家级教学资源库），学习网站使用方法见本书附录 A。

本教程由安徽机电职业技术学院电气工程系机电一体化教研室负责编写，曾劲松任主编，赵晓莹任副主编。具体编写分工为：曾劲松编写了项目 1、项目 2、项目 3 和项目 5，赵晓莹编写了项目 4 和项目 6 的实训项目 1，白金编写了项目 6 的实训项目 2，黄金霖编写了项目 6 的实训项目 3，程晶晶编写了项目 6 的实训项目 4，赵光艺对本书的部分图稿进行了绘制与整理。本教程由曾劲松副教授统稿，由武昌俊教授主审。

本教程在编写内容上做了一些新的尝试，力图有所突破，是否成功，有待检验。由于编者的学术水平和实践经验有限，错误和疏漏之处在所难免，敬请各位同行、专家和广大读者批评指正。

编者在编写本书的过程中，参阅了许多同行、专家的教材和资料，得到了不少启发和灵感，在此向他们一并致以最诚挚的谢意。

编者

2018 年 3 月

目　　录

项目1　MCGS 软件介绍

学习目标

- 了解 MCGS 软件系统的构成和运行方式。
- 了解 MCGS 软件操作平台的五个窗口。
- 能在 MCGS 组态环境下构建用户应用系统。

任务1　MCGS 软件入门

本项目首先对 MCGS 软件系统的构成、运行方式以及 MCGS 的安装过程和工作环境进行简要介绍，再逐步说明如何在 MCGS 组态环境下构造一个用户应用系统的过程。

1.1.1　什么是 MCGS 软件

MCGS（Monitor and Control Generated System，通用监控系统）是一套用于快速构造和生成计算机监控系统的组态软件。它能够在基于 Microsoft 的各种 32 位 Windows 平台上运行。通过对现场数据的采集处理，以动画显示、报警处理、流程控制、实时曲线、历史曲线和报表输出等多种方式向用户提供解决实际工程问题的方案，它具有操作简便、可视性好、可维护性强、高性能、高可靠性等突出特点，广泛应用于石油化工、钢铁行业、电力系统、水处理、环境监测、机械制造、交通运输、能源原材料、农业自动化、航空航天等领域。

1.1.2　MCGS 软件的安装

MCGS 组态软件是专为标准 Microsoft Windows 系统设计的 32 位应用软件，可以运行于 Windows95、98、NT4.0、2000 或更高版本的 32 位操作系统中，其模拟环境也同样运行在 Windows95、98、NT4.0、2000 或更高版本的 32 位操作系统中。推荐使用中文 Windows95、98、NT4.0、2000 或更高版本的操作系统。

安装 MCGS 组态软件一般只需要一张安装光盘，具体安装步骤如下：

（1）启动 Windows。

（2）在相应的驱动器中插入光盘。

（3）插入光盘后会自动弹出MCGS组态软件安装界面（如没有窗口弹出，则从Windows的“开始”菜单中，选择“运行”命令，运行光盘中的Autorun.exe文件），如图1-1所示。

图1-1　MCGS安装程序窗口

（4）单击“安装MCGS组态软件通用版”，开始安装。

（5）随后，安装程序将提示用户指定安装的目录，如果用户没有指定，系统默认安装到“D:\MCGS”路径下，建议使用默认安装目录，如图1-2所示。

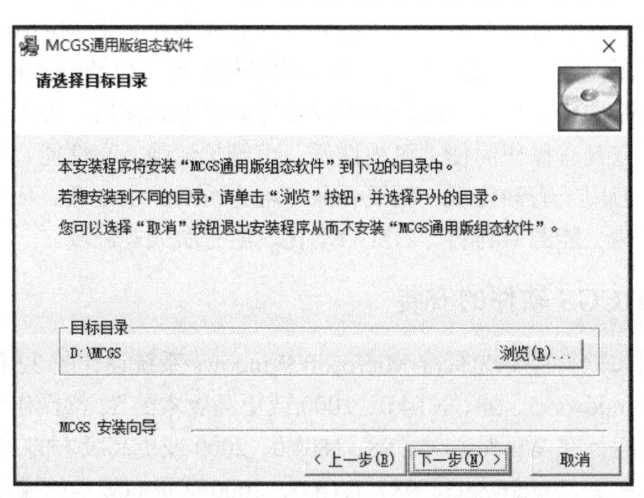

图1-2　MCGS安装目录选择窗口

提示：安装过程将持续数分钟。

（6）安装过程完成后，安装程序将弹出安装完成对话框，上面有两种选择：“确定”和“取消”，如图 1-3 所示。建议选择“确定”，重新启动计算机后再运行组态软件。

说明： MCGS 组态软件 6.2 版在不同的操作系统中可能出现不同的安装完成对话框，但其基本内容相同。如果已装有系统还原卡或其他系统保护软件，则不建议选择“确定”，应选“取消”。

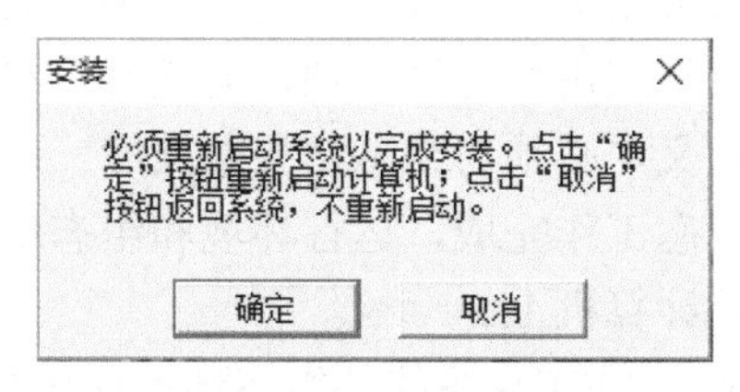

图 1-3　MCGS 安装完成对话框

（7）安装完成后，Windows 操作系统的桌面上添加了如图 1-4 所示的两个图标，分别用于启动 MCGS 组态环境和运行环境。同时，Windows 在开始菜单中也添加了相应的 MCGS 组态软件程序组，此程序组包括五项内容：MCGS 组态环境、MCGS 运行环境、MCGS 自述文件、MCGS 电子文档以及卸载 MCGS 组态软件。MCGS 组态环境和运行环境为软件的主体程序， MCGS 自述文件描述了软件发行时的最后信息。MCGS 电子文档则包含了有关 MCGS 最新的帮助信息。如图 1-5 所示。

图 1-4　MCGS 图标

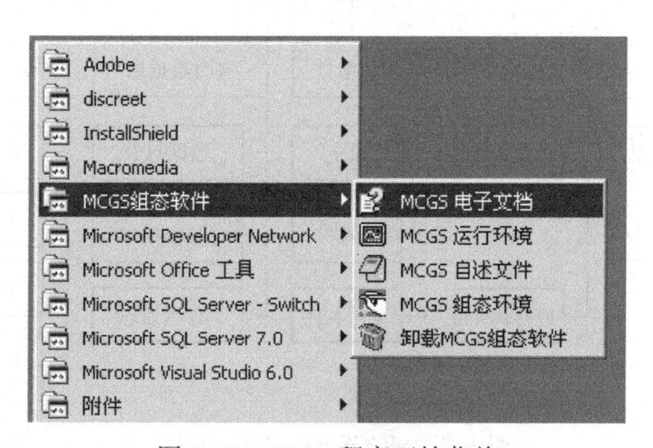

图 1-5　MCGS 程序开始菜单

1.1.3　MCGS 软件的系统构成

1. MCGS 组态软件的整体结构

MCGS 系统包括组态环境和运行环境两个部分。组态环境相当于一套完整的工具软件，帮助用户设计和构造自己的应用系统。用户组态生成的结果是一个数据库文件，称为组态结果数据库。运行环境是一个独立的运行系统，它按照组态结果数据库中用户指定的方式进行各种处理，完成用户组态设计的目标和功能。运行环境本身没有任何意义，必须与组态结果数据库一起作为一个整体，才能构成用户应用系统。一旦组态工作完成，运行环境和组态结果数据库就可以离开组态环境而独立运行在监控计算机上。

组态结果数据库完成了 MCGS 系统从组态环境向运行环境的过渡，它们之间的关系如图 1-6 所示。

图 1-6　MCGS 的整体结构关系

2. MCGS 组态软件的五大组成部分

由 MCGS 生成的用户应用系统，其结构由主控窗口、设备窗口、用户窗口、实时数据库和运行策略五个部分构成，如图 1-7 所示。

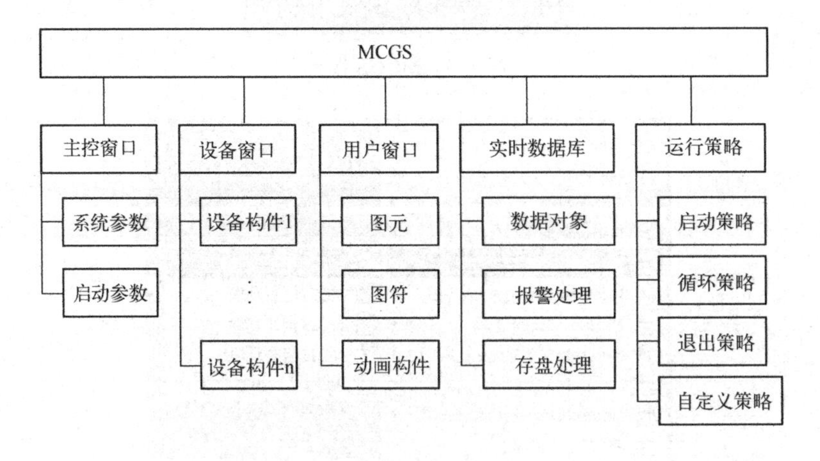

图 1-7　MCGS 的五个组成部分

窗口是屏幕中的一块空间，是一个“容器”，直接提供给用户使用。在窗口内，用户可以放置不同的构件，创建图形对象并调整画面的布局，组态配置不同的参数以完成不同的功能。

在 MCGS 通用版中，每个应用系统只能有一个主控窗口和一个设备窗口，但可以有多个用户窗口和多个运行策略，实时数据库中也可以有多个数据对象。MCGS 用主控窗口、设备窗口和用户窗口来构成一个应用系统的人机交互图形界面，组态配置各种不同类型和功能的对象或构件，同时可以对实时数据进行可视化处理。

（1）**实时数据库**是 MCGS 系统的核心。实时数据库是工程各个部分的数据交换与处理中心，它将 MCGS 工程的各个部分连接成有机的整体。在本窗口内定义不同类型和名称的变量，作为数据采集、处理、输出控制、动画连接及设备驱动的对象。

（2）**主控窗口**构造了应用系统的主框架。主控窗口确定了工业控制中工程作业的总体轮廓，以及运行流程、特性参数和启动特性等内容，是应用系统的主框架。

（3）**设备窗口**是 MCGS 系统与外部设备联系的媒介。设备窗口是连接和驱动外部设备的工作环境。在本窗口内配置数据采集与控制输出设备，注册设备驱动程序，定义连接与驱动设备用的数据变量。

（4）**用户窗口**实现了数据和流程的“可视化”。用户窗口主要用于设置工程中人机交互的界面，如生成各种动画显示画面、报警输出、数据与曲线图表等。

（5）**运行策略**是对系统运行流程实现有效控制的手段。本窗口主要完成工程运行流程的控制，包括编写控制程序（如 IF…THEN 脚本程序）、选用各种功能构件（如数据提取、历史曲线、定时器、配方操作、多媒体输出）等。

1.1.4 MCGS 软件的运行方式

MCGS 系统分为组态环境和运行环境两个部分。安装文件夹中的文件“McgsSet.exe”对应于 MCGS 系统的组态环境，文件“McgsRun.exe”对应于 MCGS 系统的运行环境。此外，系统还提供了几个已经完成组态的样例工程文件，用于演示系统的基本功能。

MCGS 系统安装完成后，在用户指定的目录（或系统默认目录 D:\MCGS）下创建有三个子目录：“Program”、“Samples”和“Work”。组态环境和运行环境对应的两个执行文件以及 MCGS 中用到的设备驱动、动画构件及策略构件存放在子目录“Program”中，样例工程文件存放在“Samples”目录下，“Work”子目录则是用户的默认工作目录。

分别运行可执行程序“McgsSet.exe”和“McgsRun.exe”，就能进入 MCGS 的组态环境和运行环境。安装完毕后，运行环境能自动加载并运行样例工程。用户可根据需要创建和运行自己的新工程。

任务 2　了解 MCGS 组态过程

使用 MCGS 完成一个实际的应用系统，首先必须在 MCGS 的组态环境下进行系统的组态生成工作，然后将系统放在 MCGS 的运行环境下运行。

1.2.1　工程的建立

MCGS 中用“工程”来表示组态生成的应用系统，创建一个新工程就是创建一个新的用户应用系统，打开工程就是打开一个已经存在的应用系统。工程文件的命名规则和 Windows 系统相同，MCGS 自动给工程文件名加上后缀“.MCG”。每个工程都对应一个组态结果数据库文件。

在 Windows 系统桌面上，通过以下三种方式中的任何一种，都可以进入 MCGS 组态环境：

（1）鼠标左键双击 Windows 桌面上的“MCGS 组态环境”图标。

（2）选择“开始”→“程序”→“MCGS 组态软件”→“MCGS 组态环境”命令。

（3）按快捷键“Ctrl + Alt + G”（说明：此快捷键操作不适用于 Windows10 操作系统）。

进入 MCGS 组态环境后，单击工具条上的“新建”按钮，或执行“文件”菜单中的“新建工程”命令，系统自动创建一个名为“新建工程 X.MCG”的新工程（其中 X 为数字，表示建立新工程的顺序，如 1、2、3 等）。由于尚未进行组态操作，新工程只是一个“空壳”，一个包含五个基本组成部分的结构框架，接下来要逐步在框架中配置不同的功能部件，构造完成特定任务的应用系统。

如图 1-8 所示，MCGS 用“工作台”窗口来管理构成用户应用系统的五个部分，工作台上的五个标签（主控窗口、设备窗口、用户窗口、实时数据库和运行策略）对应五个不同的窗口页面，每一个页面负责管理用户应用系统的一个部分，用鼠标单击不同的标签可选取不同窗口页面，对应用系统的相应部分进行组态操作。

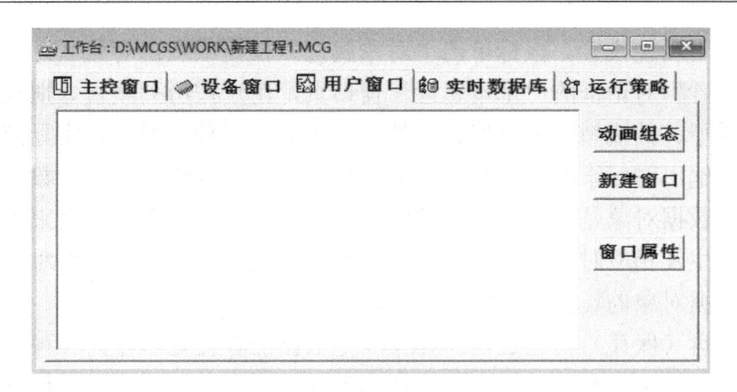

图 1-8　MCGS 工作台窗口

在保存新工程时，可以随意更换工程文件的名称，但不得使用空格或系统不识别的其他字符。默认情况下，所有的工程文件都存放在 MCGS 安装目录下的“Work”子目录里，用户也可以根据自身需要指定存放工程文件的目录。

1.2.2　建立实时数据库

实时数据库是 MCGS 通用版系统的核心，也是应用系统的数据处理中心，系统各部分均以实时数据库为数据公用区，进行数据交换、数据处理和实现数据的可视化处理。

1. 定义数据对象

数据对象是实时数据库的基本单元。在 MCGS 生成应用系统时，应对实际工程问题进行简化和抽象化处理，将代表工程特征的所有物理量作为系统参数加以定义，定义中不只包含了数值类型，还包括参数的属性及其操作方法，这种把数值、属性和方法定义成一体的数据就称为数据对象。构造实时数据库的过程，就是定义数据对象的过程。在实际组态过程中，一般无法一次全部定义所需的数据对象，而是根据情况需要逐步增加。

MCGS 中定义的数据对象的作用域是全局的，像通常意义的全局变量一样，数据对象的各个属性在整个运行过程中都保持有效，系统中的其他部分都能对实时数据库中的数据对象进行操作。

2. 数据对象属性设置

MCGS 把数据对象的属性封装在对象内部，作为一个整体，由实时数据库统一管理。对象的属性包括基本属性、存盘属性和报警属性。基本属性则包含对象的名称、类型、初值、界限（最大、最小）值、工程单位和对象内容注释等内容。

（1）基本属性设置。鼠标单击“对象属性”按钮或双击对象名，显示“数据对象属性设置”对话框的“基本属性”窗口页，用户按所列项目分别设置。数据对象有开关型、数值型、字符型、事件型、组对象五种类型，在实际应用中，数字量的输入输出对应于开关型数据对象；模拟量的输入输出对应于数值型数据对象；字符型数据对象是记录文字信息的字符串；事件型数据对象用来表示某种特定事件的产生及相应时刻，如报警事件、开关量状态跳变事件；组对象用来表示一组特定数据对象的集合，以便于系统对该组数据统一处理。

（2）存盘（保存）属性设置。MCGS 把数据的存盘处理作为一种属性或者一种操作方法，封装在数据内部，作为整体处理。运行过程中，实时数据库自动完成数据存盘工作，用户不必考虑这些数据如何存储以及存储在什么地方。用户的存盘要求在存盘属性窗口页中设置，存盘方式有两种：按数值变化量存盘和定时存盘。组对象以定时的方式来保存相关的一组数据，而非组对象则按变化量来记录对象值的变化情况。

（3）报警属性设置。在 MCGS 中，报警被作为数据对象的属性，封装在数据对象内部，由实时数据库统一处理，用户只要正确设置报警属性窗口中所列的项目即可，如数值量的报警界限值、开关量的报警状态等。运行时，由实时数据库自动判断有没有报警信息产生、什么时候产生、什么时候结束、什么时候应答，并通知系统的其他部分。系统也可根据用户的需要，实时存储和打印这些报警信息。

1.2.3 组态用户窗口

MCGS 以窗口为单位来组建应用系统的图形界面，创建用户窗口后，通过放置各种类型的图形对象，定义相应的属性，为用户提供美观、生动、具有多种风格和类型的动画画面。

1. 图形界面的生成

用户窗口本身是一个“容器”，用来放置各种图形对象（图元、图符和动画构件），不同的图形对象对应不同的功能。通过对用户窗口内多个图形对象的组态，生成美观的图形界面，为实现动画显示效果做准备。

生成图形界面的基本操作步骤：

（1）创建用户窗口。

（2）设置用户窗口属性。

（3）创建图形对象。

（4）编辑图形对象。

2. 创建用户窗口

选择组态环境工作台中的“用户窗口”页，所有的用户窗口均位于该窗口页内，如图 1-9 所示。

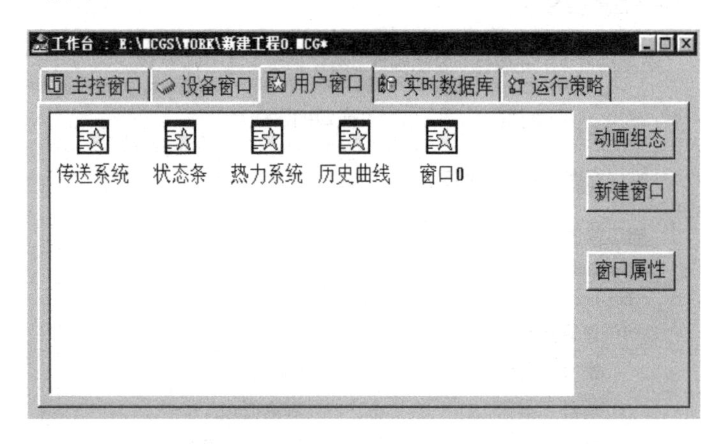

图 1-9　MCGS“用户窗口”页

单击“新建窗口”按钮，或执行菜单中的“插入”→“用户窗口”命令，即可创建一个新的用户窗口，以图标形式显示，如图 1-10 所示的“窗口 0”。开始时，新建的用户窗口只是一个空窗口，用户可以根据需要设置窗口的属性和在窗口内放置图形对象。

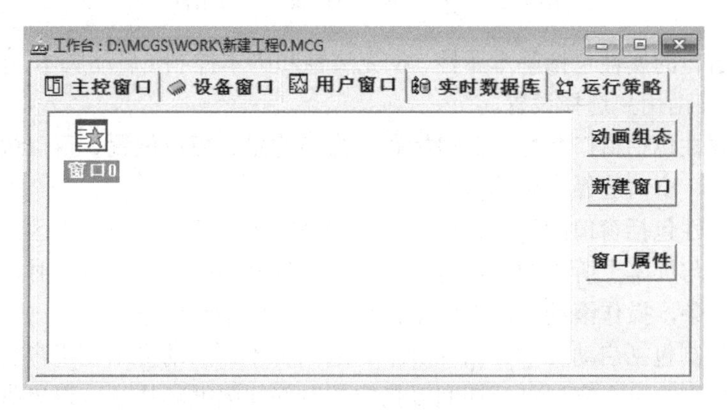

图 1-10　新建的用户窗口

3. 设置用户窗口属性

用鼠标右键单击待定义的用户窗口图标，选择“属性”，也可以单击工作台窗口中的“窗口属性”按钮，或者单击工具条中的“显示属性”按钮，或者操作快捷键“Alt+Enter”，弹出“用户窗口属性设置”对话框，如图 1-11 所示，按图中所列设置相关属性。

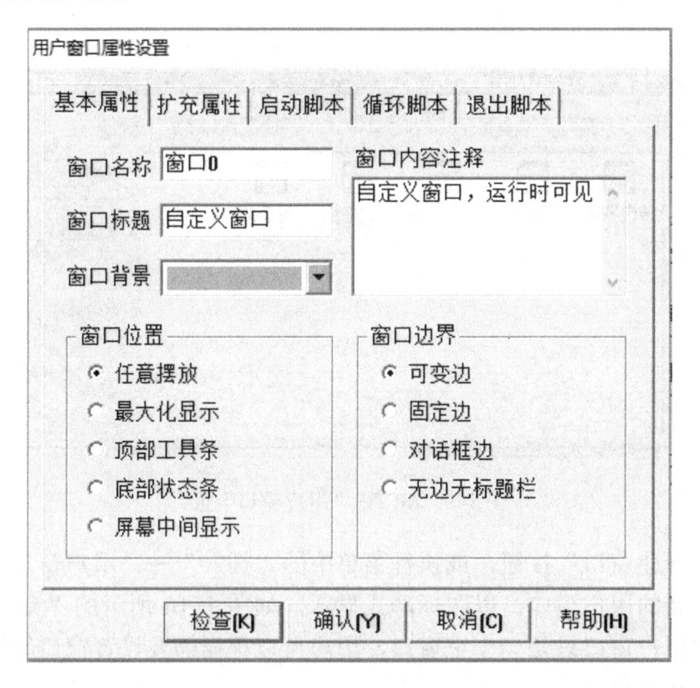

图 1-11 “用户窗口属性设置”对话框

用户窗口的属性包括基本属性、扩充属性和脚本控制（启动脚本、循环脚本、退出脚本），由用户选择设置。

基本属性包括窗口名称、窗口标题、窗口背景、窗口位置、窗口边界等，其中窗口位置、窗口边界不可编辑。

扩充属性包括窗口的外观、位置坐标和视区大小等。窗口的视区是指实际可用的区域，与屏幕上所见的区域可以不同，当选择视区大于可见区时，窗口侧边会附加滚动条，操作滚动条可以浏览窗口内所有的图形对象。

脚本控制包括启动脚本、循环脚本和退出脚本，启动脚本在用户窗口打开时执行，循环脚本可在窗口打开期间以指定的时间间隔循环执行，退出脚本则是在用户窗口关闭时执行。

4. 创建图形对象

MCGS 提供了三类图形对象供用户选用，即图元对象、图符对象和动画构件。这些图形对象位于常用符号工具箱和动画工具箱内，用户从工具箱中选择所需要的图形对象，配置在用户窗口内，可以创建各种复杂的图形。

5. 编辑图形对象

图形对象创建完成后，要对图形对象进行各种编辑工作，如改变图形的颜色和大小、调整图形的位置和排列形式、图形的旋转及组合分解等，MCGS 提供了完善的编辑工具，使用户能快速制作各种复杂的图形界面，以图形方式精确表示外部物理对象。

6. 定义动画连接

定义动画连接，实际上是将用户窗口内创建的图形对象与实时数据库中定义的数据对象建立对应连接关系，通过对图形对象在不同的数值区间内设置不同的状态属性（如颜色、大小、位置移动、可见度、闪烁效果等），用数据对象的值的变化来驱动图形对象的状态改变，使系统在运行过程中，产生形象逼真的动画效果。因此，动画连接过程就归结为对图形对象的状态属性设置的过程。

7. 图元、图符对象连接

在 MCGS 中，每个图元、图符对象都可以实现 11 种动画连接方式。可以利用这些图元、图符对象来制作实际工程所需的图形对象，然后再建立起与数据对象的对应关系，定义图形对象的一种或多种动画连接方式，实现特定的动画功能。这 11 种动画连接方式如下：

（1）填充颜色连接。
（2）边线颜色连接。
（3）字符颜色连接。
（4）水平移动连接。
（5）垂直移动连接。
（6）大小变化连接。
（7）显示输出连接。
（8）按钮输入连接。
（9）按钮动作连接。
（10）可见度连接。
（11）闪烁效果连接。

8. 动画构件连接

为了减少用户程序设计工作量，MCGS 将工程控制与实时监测作业中常用的物理器件（如按钮、操作杆、显示仪表和曲线表盘等）制成独立的图形存储于图库中，供用户调用，这些能实现不同动画功能的图形称为动画构件。

在组态时，只要建立动画构件与实时数据库中数据对象的对应关系，就能完成动画构件的连接，如使用实时曲线构件时，要指明该构件运行时对应哪个数据对象的变化；使用报警显示构件时，要指明该构件运行时显示哪个数据对象的报警信息。

1.2.4 组态主控窗口

主控窗口是用户应用系统的主窗口，也是应用系统的主框架，展现工程的总体外观。主控窗口提供菜单命令，响应用户的操作；负责调度设备窗口的工作、管理用户窗口的打开和关闭、驱动动画图形和调度用户策略的运行等工作。主控窗口组态包括菜单设计和主控窗口中系统属性的设置。

1. 系统菜单设计

对于一个新建的工程，MCGS 提供了一套默认菜单，用户也可以根据需要设计自己的菜单（鼠标左键双击主控窗口图标，弹出菜单组态窗口，输入各级菜单命令，也可以利用窗口上端工具条的有关按钮，进行菜单项的插入、删除、位置调整、设置分隔线、制作下拉式菜单等操作）。

鼠标左键双击菜单项，可显示“菜单属性”设置对话框，按所列项设定该菜单项的属性。由于主控窗口的职责是调度与管理其他窗口，因此所建立的菜单命令可以完成如下工作：

（1）执行指定的运行策略。

（2）打开指定的用户窗口。

（3）关闭指定的用户窗口。

（4）隐藏指定的用户窗口。

（5）打印指定的用户窗口。

（6）退出运行系统。

（7）数据对象值操作。

（8）执行指定的脚本程序。

2. 主控窗口属性设置

选中“主控窗口”图标，鼠标左键单击“工作台”窗口中的“系统属性”按钮，或者单击工具条中的“显示属性”按钮，或者选择“编辑”菜单中的“属性”菜单项，显示“主控窗口属性设置”对话框。共有下列五种属性，可按页设置。

（1）基本属性：指定反映工程外观的显示要求，包括工程的名称（窗口标题），系统启动时首页显示的画面（称为软件封面）。

（2）启动属性：指定系统启动时自动打开的用户窗口（称为启动窗口）。

（3）内存属性：指定系统启动时自动装入内存的用户窗口。运行过程中，打开装入内存的用户窗口可提高画面的切换速度。

（4）系统参数：设置系统运行时的相关参数，主要是周期性运行项目的时间。例如，画面刷新的周期时间、图形闪烁的周期时间等。建议采用默认值，一般情况下不用修改这些参数。

（5）存盘参数：指定存盘数据文件的名称（含目录名）等属性。

1.2.5　组态设备窗口

设备窗口是 MCGS 系统与作为测控对象的外部设备建立联系的后台作业环境，负责驱动外部设备，控制外部设备的工作状态。系统通过设备与数据之间的通道，把外部设备的运行数据采集进来，送入实时数据库，供系统其他部分调用，并且把实时数据库中的数据输出到外部设备，实现对外部设备的操作与控制。

MCGS 为用户提供了多种类型的“设备构件”，作为系统与外部设备进行联系的媒介。进入设备窗口，从设备构件工具箱里选择相应的构件，配置到窗口内，建立接口与通道的连接关系，设置相关的属性，即完成了设备窗口的组态工作。

运行时，应用系统自动装载设备窗口及其含有的设备构件，并在后台独立运行。对用户来说，设备窗口是不可见的。

在设备窗口内用户组态的基本操作是：

（1）选择构件。

（2）设置属性。

（3）连接通道。

（4）调试设备。

1. 选择设备构件

在工作台的“设备窗口”页中：鼠标左键双击设备窗口图标（或选中窗口图标，单击“设备组态”按钮），弹出设备组态窗口；选择工具条中的“工具箱”按钮，弹出设备工具箱；鼠标左键双击设备工具箱里的设备构件，或选中设备构件，鼠标移到设备窗口内，单击，则可将其选到窗口内。

设备工具箱内包含有 MCGS 目前支持的所有硬件设备，对系统不支持的硬件设备，要预先定制相应的设备构件，才能对其进行操作。MCGS 将不断增加新的设备构件，以提供对更多硬件设备的支持。

2. 设置设备构件属性

选中设备构件，单击工具条中的“属性”按钮 或选择“编辑”菜单中的“属性”命令，或者鼠标左键双击设备构件，弹出所选设备构件的“属性设置”对话框，进入“基本属性”窗口页，即可进行设置。

不同的设备构件有不同的属性，一般都包括如下几项：设备名称、输入输出、端口地址、数据采集周期。系统各个部分对设备构件的操作是以设备名为基准的，因此各个设备构件不能重名。与硬件相关的参数必须正确设置，否则系统不能正常工作。

3. 设备通道连接

输入输出装置读取数据和输出数据的通道称为设备通道；建立设备通道和实时数据库中数据对象的对应关系的过程称为通道连接。建立通道连接的目的是通过设备构件确定采集进来的数据送入实时数据库的什么地方，或从实时数据库中什么地方取用数据。

在属性设置对话框内，选择“通道连接和设置”窗口页，即可进行设置。

4. 设备调试

将设备调试作为设备窗口组态项目之一，是为了便于用户及时检查组态操作的正确性，包括设备构件选用是否合理，通道连接及属性参数设置是否正确，这是保证整个系统正常工作的重要环节。

“设备构件属性设置”对话框内，专设有“设备调试”窗口页，以数据列表的形式显示各个通道数据测试结果。对于输出设备，还可以用对话方式操作鼠标或键盘，控制通道的输出状态。

1.2.6 组态运行策略

运行策略是指对监控系统运行流程进行控制的方法和条件，它能够对系统执行某项操作和实现某种功能进行有条件的约束。运行策略由多个复杂的功能模块组成，称为“策略块”，用来完成对系统运行流程的自由控制，使系统能按照设定的顺序和条件操作实时数据库，控制用户窗口的打开、关闭以及控制设备构件的工作状态等，从而实现对系统工作过程的精确控制及有序的调度管理。

用户可以根据需要来创建和组态运行策略。

1. 创建运行策略

每建立一个新工程，系统都自动创建三个固定的策略块：启动策略、循环策略和退出策略，它们分别在启动时、运行过程中和退出前由系统自动调度运行。

在系统工作台“运行策略”窗口中单击“新建策略”按钮，可以创建所需要的策略块，默认名称为“策略 X”（其中 X 为数字），如图 1-12 中的“策略 1”。

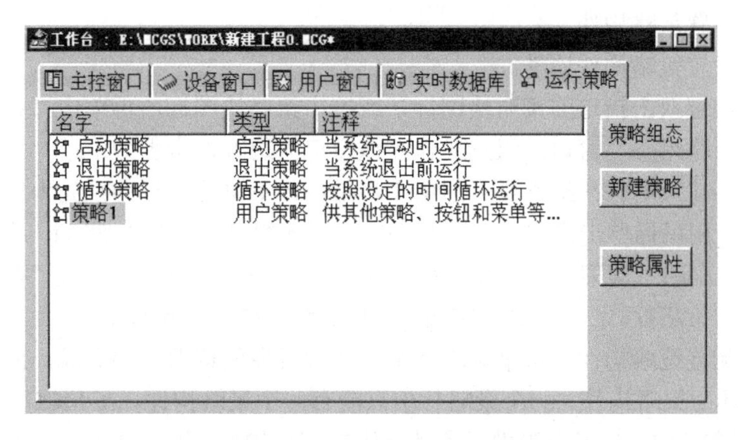

图 1-12　MCGS 运行策略

一个应用系统最多能创建 512 个策略块，策略块的名称在属性设置窗口中指定。策略名称是唯一的，系统其他部分按策略名称进行调用。

MCGS 提供五种策略类型供用户选择，分别是用户策略、循环策略、报警策略、事件策略、热键策略，其中除策略的启动方式各自不同之外，其功能本质上没有差别。用户策略自身并不启动，需要其他策略、按钮、菜单等调用启动；循环策略按设定的循环时间自动循环运行；事件策略等待某事件的发生后启动运行；报警策略在某个报警条件发生后启动运行；热键策略在某个热键按下时启动运行。

2. 设置策略属性

进入运行策略窗口页，选择某一策略块，单击“策略属性”按钮，或按工具条中的“显示属性”按钮，即可弹出“策略块属性设置”对话框，设置的项目主要是策略名称和策略内容注释。其中的“循环时间”一栏是专为循环策略块设置循环时间用的。

3. 组态策略内容

无论是用户创建的策略块还是系统固有的三个策略块，创建时只是一个有名无实的空架子，要使其成为独立的实体，被系统其他部分调用，必须对其进行组态操作，指定策略块所要完成的功能。

每一个策略块都具有多项功能，每一项功能的实现，都以特定的条件为前提。MCGS 通用版把“条件－功能”结合成一体，构成策略块中的一行，称为策略行，策略块由多个策略行构成，多个策略行按照从上到下的顺序执行。策略块的组态操作包括：

（1）创建策略行。

（2）配置策略构件。

（3）设置策略构件属性。

鼠标左键双击指定的策略块图标，或单击策略块图标，再单击“策略组态”，可弹出“策略组态”窗口，组态操作在该窗口内进行，步骤如下：

（1）创建策略行：组态操作的第 1 步是创建策略行，目的是先为策略块搭建结构框架。用鼠标单击窗口上端工具条中的“新增策略行”按钮，或单击鼠标右键，在弹出的右键菜单中选择“新增策略行”，或直接按下快捷键“Ctrl+I”，增加一个空的策略行。一个策略块中最多可创建 1000 个策略行。

（2）配置策略构件：每个策略行都由两种类型的构件串接而成，前端为条件构件，后端为策略构件。一个策略行中只能有一个策略构件。在 MCGS 通用版的“策略工具箱”中，为用户提供了多种常用的策略构件，用户从工具箱中选择所需的条件构件和策略构件，配置在策略行相应的位置上。操作方法如下。

鼠标单击窗口上端工具条中的“工具箱”按钮，打开“策略工具箱”；选中策略行的功能框（后端），鼠标左键双击工具箱中相应的策略构件；或者选中工具箱中的策略构件，用鼠标单击策略行的功能框图，即可将所选的构件配置在该行的指定位置上。

MCGS 提供的策略构件有：

① 策略调用构件：调用指定的用户策略。

② 数据对象构件：数据值读写、存盘和报警处理。

③ 设备操作构件：执行指定的设备命令。

④ 退出策略构件：用于中断并退出所在的运行策略块。

⑤ 脚本程序构件：执行用户编制的脚本程序。

⑥ 定时器构件：用于定时。

⑦ 计数器构件：用于计数。

⑧ 窗口操作构件：打开、关闭、隐藏和打印用户窗口。

⑨ EXCEL 报表输出：将历史存盘数据输出到 EXCEL 报表，进行显示、处理、打印及修改操作。

⑩ 报警信息浏览：对报警存盘数据进行数据显示。

⑪ 存盘数据复制：将历史存盘数据转移或复制到指定的数据库或文本文件中。

⑫ 存盘数据浏览：对历史存盘数据进行数据显示或打印。

⑬ 存盘数据提取：对历史存盘数据进行统计处理。

⑭ 配方操作处理：对配料参数等进行操作。

⑮ 设置时间范围：设置操作的时间范围。

⑯ 修改数据库：对实时数据存盘对象、历史数据库进行修改、添加和删除。

（3）设置策略构件属性：鼠标左键双击策略构件，或者单击策略构件，单击工具条中的“属性”按钮，弹出该策略构件的属性设置对话框。不同的策略构件，其属性设置的内容不同。

项目小结

本项目介绍了 MCGS 组态软件的安装过程和运行方式，并对软件系统的构成和各个组成部分的功能进行了详细说明，以便于读者对 MCGS 系统的组态过程有一个全面的认识和了解。

项目 2　机械手监控系统

学习目标

- 熟悉用 MCGS 软件建立机械手监控系统的整个过程。
- 掌握设计简单界面、完成动画连接及编写脚本程序的技能。
- 学会用 MCGS 软件、I/O 板卡联合调试机械手监控系统。

任务 1　设计系统方案

2.1.1　确定控制要求

机械手（Mechanical Hand）能模仿人手和手臂的某些动作功能，以抓取、搬运物品或操作工具，被广泛应用于机械制造、冶金、电子、轻工和核工业等领域。如图 2-1 所示是几种机械手的外形。

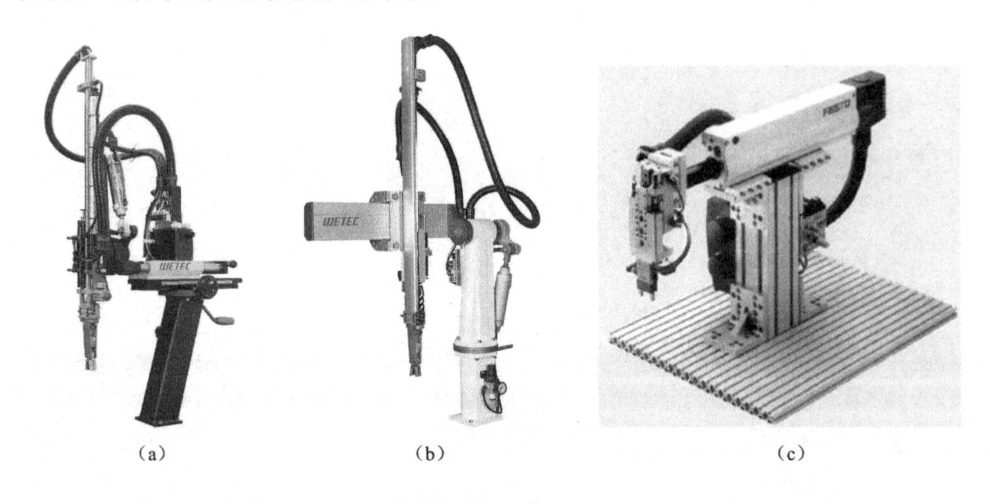

（a）　　（b）　　（c）

图 2-1　机械手

如图 2-1（c）所示的机械手为搬运机械手，其任务是将前一个工序加工好的工件送到下一个工位，已知待搬运工件在机械手初始位置正下方。对此机械手有如下控制要求：

（1）按下启动/停止按钮 SB1 后，机械手下移至工件处→夹紧工件→携工件上升→左移至下一个工位上方→下移至指定位置→放下工件→上移→右移回到原始位置。此过程反复循环执行。

（2）机械手运动过程中，松开启动/停止按钮 SB1，机械手停在当前位置，再次按下启动/停止按钮，机械手继续运行。

（3）机械手运动过程中，按下复位按钮 SB2 后，机械手并不马上停止，也不主动复位，而是继续工作，直到完成本周期操作，回到原始位置后再停止，不再循环。

（4）松开复位按钮，退出复位状态，之后再按启动/停止按钮，机械手重新开始循环操作。

1．气缸的动作控制

机械手的动作可以用电动机、气缸或液压缸等驱动。如图 2-1（c）所示机械手有 3 个气缸：伸缩缸、升降缸、夹紧缸（气动手指），分别驱动机械手的水平运动、垂直运动、夹紧放松动作。气缸的动作受电磁阀控制。图 2-2 是伸缩气缸动作原理图。

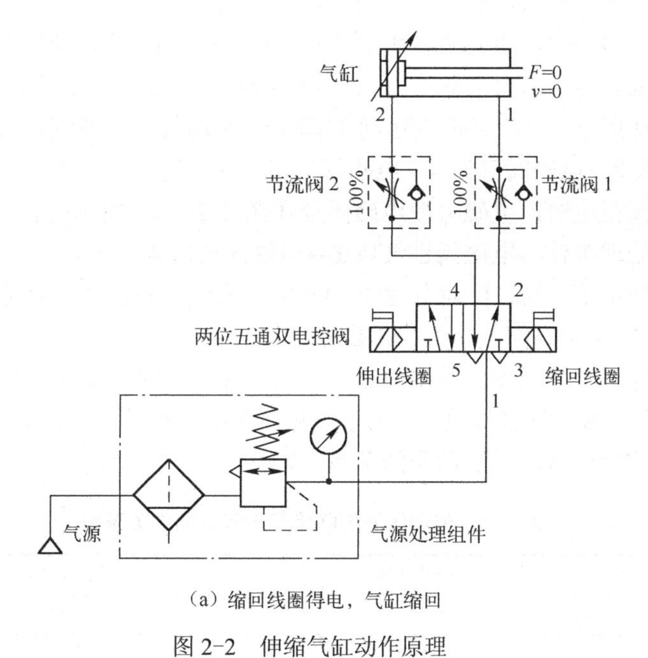

（a）缩回线圈得电，气缸缩回

图 2-2　伸缩气缸动作原理

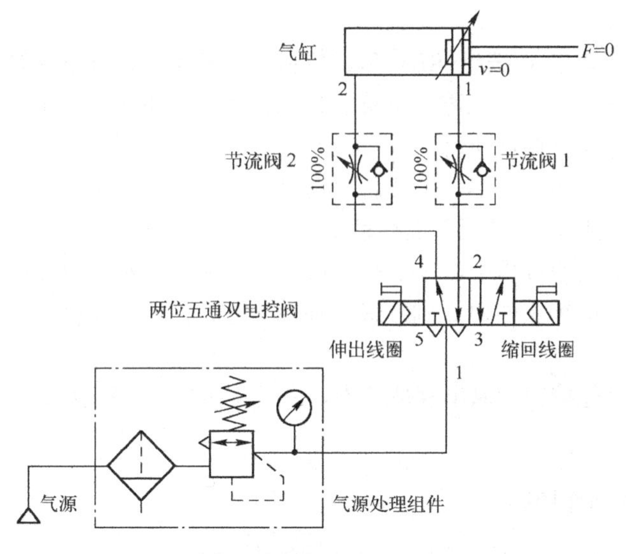

（b）伸出线圈得电，气缸伸出

图 2-2　伸缩气缸动作原理（续）

如图 2-2 所示，使用的电磁阀有 2 个位置、5 个通气口、2 个电磁线圈，被称为两位五通双电控阀，这是一个双作用电磁阀。

缩回线圈得电时，电磁力使电磁阀处在图 2-2（a）所示位置。气流方向为：气源→气源处理组件→电磁阀进气口 1→电磁阀气口 2→节流阀 1→气缸气口 1。在气流压力作用下，气缸杆向左运动（缩回）。左侧气室内的气体方向为：气缸气口 2→节流阀 2→电磁阀气口 4→电磁阀气口 5→大气。

伸出线圈得电时，电磁力使电磁阀处在图 2-2（b）所示位置。气流方向为：气源→气源处理组件→电磁阀进气口 1→电磁阀气口 4→节流阀 2→气缸气口 2。在气流压力作用下，气缸杆向右运动（伸出）。右侧气室内的气体方向为：气缸气口 1→节流阀 1→电磁阀气口 2→电磁阀气口 3→大气。

可见，伸缩气缸动作的基本原理是：当电磁阀线圈得电时，电磁力使电磁阀改变位置，造成流向气缸气流方向改变，从而驱动气缸杆向不同方向运动。表 2-1 是伸缩线圈控制信号与气缸动作的关系表。

表 2-1　伸缩线圈控制信号与气缸动作关系表

伸出线圈	缩回线圈	气缸动作
1	0	伸出
0	1	缩回
0	0	保持
1	1	不允许，可能会烧毁线圈

2．机械手气动回路图

图 2-3 是机械手气动回路图。共有 3 个电磁阀，全部采用两位五通双电控阀，因此有 6 个电磁阀控制信号，分别控制左移、右移、上移、下移、抓紧和放松动作。

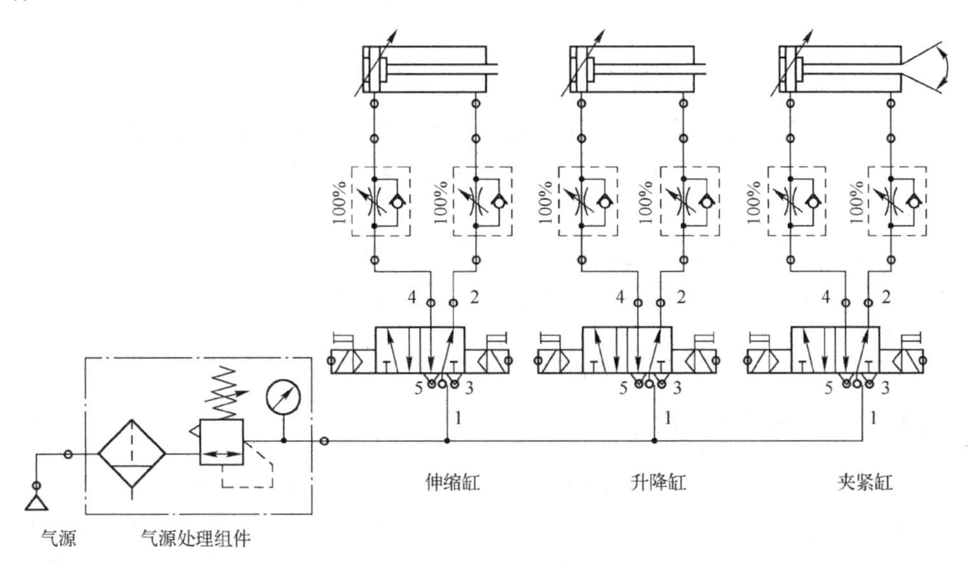

图 2-3　机械手气动回路图

3．机械手对象分析

被控对象——机械手。

控制目标——使机械手能够接收启动、停止、复位命令，能够抓取工件运送到指定位置。

被控参数——机械手运动轨迹和抓放动作。运动轨迹可分解为 4 个点：右上位（机械手初始位）、右下位（工件初始位）、左上位、左下位（工件目标位）。

控制变量——共 6 个，分别是伸缩缸电磁阀的伸出线圈和缩回线圈、升降缸电磁阀的上升线圈和下降线圈、夹紧缸电磁阀的夹紧线圈和放松线圈。

2.1.2　制定初步方案

机械手的控制可采用闭环形式实现，也可采用开环形式实现。开环方框图如图 2-4 所示。

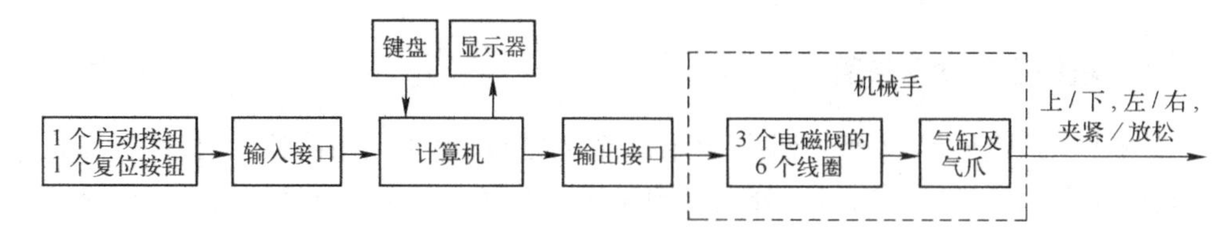

图 2-4　开环控制的机械手系统方框图

提示：

开环控制是指无反馈信息的系统控制方式。当操作者启动系统，使之进入运行状态后，系统将操作者的指令一次性输向受控对象。此后，操作者对受控对象的变化便无法再进行控制。

闭环控制指被控系统的输出以一定方式返回到控制的输入端，以修正操作过程，使系统的输出符合预期要求，工业生产中的多数控制采用闭环控制的设计。

1．开环控制系统方案

根据控制要求，系统需要两个操作按钮输入启停和复位命令。由于机械手系统的各个位置点比较固定，每一段的运行时间已知且相对稳定。计算机接收到启动/停止按钮送来的启动信号后，只要按如下时间顺序接通各个线圈即可：

按下启动/停止按钮 SB1 后，机械手下移 5s→夹紧 2s→上升 5s→左移 10s→下移 5s→放松 2s→上移 5s→右移 10s，最后回到原始位置，自动循环。

松开启动/停止按钮 SB1，机械手停在当前位置。

按下复位停止按钮 SB2 后，机械手在完成本次操作后，回到原始位置，然后停止。

松开复位停止按钮 SB2，退出复位状态。

2．闭环控制系统方案

闭环控制需要安装 6 个位置开关（位置检测传感器），检测是否到达左上、左下、右上、右下、夹紧、放松位置，计算机将根据这些位置开关的状态和输入命令控制 6 个线圈的得电与否。机械手控制系统的闭环方案如图 2-5 所示。

闭环控制显然在硬件结构上比开环控制复杂。开环控制靠经验时间控制 6 个线圈，不检测是否运动到位。理论上闭环控制的控制精度高于开环。

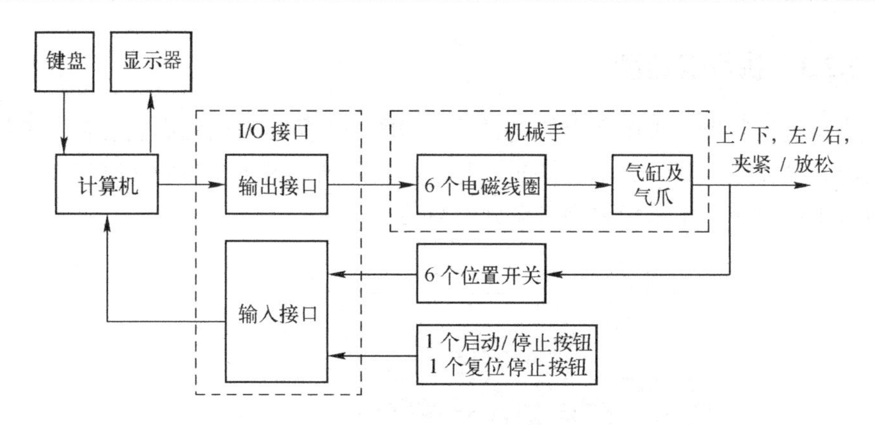

图 2-5　闭环控制的机械手系统方框图

3．本系统采纳方案

对于本系统，由于控制精度要求不高，以上两个方案都是可行的，我们从简单入手，取开环控制方案。

任务 2　软、硬件设备选型与电路设计

2.2.1　命令输入设备选型

本系统命令输入设备只需要 1 个启动/停止按钮、1 个复位停止按钮，如图 2-6 所示。根据控制要求，可选用带自锁功能的按钮，也可选用旋转开关。

图 2-6　命令按钮

2.2.2　传感器和变送器选型

由于采用开环结构，此部分工作免去。

2.2.3 执行器选型

本系统执行器是机械手上的电磁阀。如图 2-7 所示为电磁阀安装在汇流板上的情况，共 4 个，其中 3 个为伸缩、升降、夹紧阀，另一个为旋转缸控制阀，控制机械手的旋转。本系统暂不考虑旋转运动。

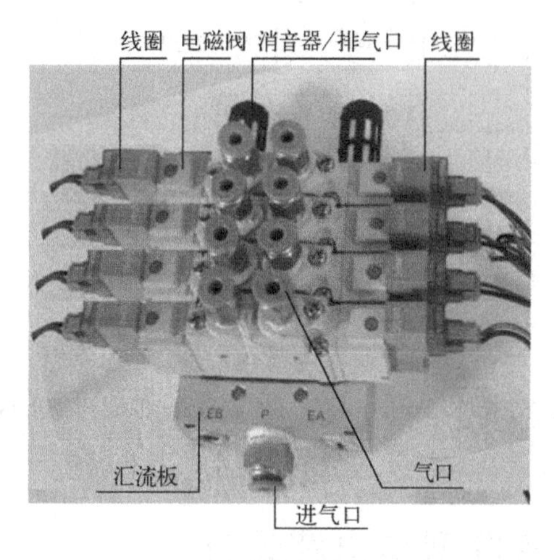

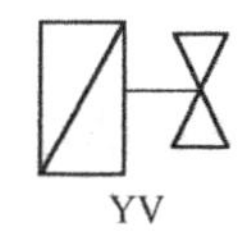

图 2-7　电磁阀及汇流板

汇流板将电磁阀集中安装，为每个电磁阀提供进气和排气通道。汇流板的排气口装有消声器，以减小噪声。每个电磁阀的上面都有两个气口，这两个气口通过气管与气缸的节流阀相连。由于是双作用电磁阀，每个阀的左右两侧各有一个线圈，每个线圈都有导线与之相连。

本系统使用的电磁阀工作电压为 DC24V，线圈功率为 1.5W。

2.2.4 I/O 接口设备选型

1. I/O 接口设备的种类

I/O 接口设备是连接计算机和检测器、执行器的桥梁，其分类如下。

1）按照输入输出信号的性质分类

根据输入输出信号的性质不同，I/O 接口设备可分为：AI、AO、AI/AO、DI、DO、DI/DO、混合信号接口等。

（1）模拟量输入接口设备（AI）。可接收传感器、变送器等输入的模拟信号，将它们转换成计算机能够接收的数字信号。不同的 AI 设备可能存在以下不同：

① 输入信号的点数：可能是 4 通道、8 通道、16 通道等。

② 输入信号的性质：可能是电压也可能是电流、电阻等。

③ 输入信号的范围：可能是直流 0～10V 输入，也可能是 0～5V 输入等。

④ 与计算机沟通的形式：可能采用 RS232 串口通信形式，也可能采用并行方式等。

（2）模拟量输出接口设备（AO）。可将计算机输出的数字信号转换成模拟信号输出给电动调节阀等设备。不同的 AO 设备可能存在以下不同：

① 输出信号的点数。

② 输出信号的性质。

③ 输出信号的范围。

④ 与计算机沟通的形式。

（3）模拟量输入/输出接口设备（AI/AO，即 Analog Input/ Analog Output）。既可以输入模拟量，也可以输出模拟量。

（4）开关量输入接口设备（DI）。可接收传感器、按钮等输入的开关信号，将其转换为计算机能够接收的数字量。不同的 DI 设备可能存在以下不同：

① 输入信号的点数。

② 输入信号的性质：是继电器信号还是电平信号等。

③ 输入信号的范围：触点的工作电压、电平信号的范围等。

④ 与计算机沟通的形式。

（5）开关量输出接口设备（DO）。可将计算机输出的数字信号转换成外部设备可接收的开关信号。不同的 DO 设备可能存在以下不同：

① 输出信号的点数。

② 输出信号的性质。

③ 输出信号的范围。

④ 与计算机沟通的形式。

（6）开关量输入/输出接口设备（DI/DO）。既可以输入开关量，也可以输出开关量。

（7）模拟量/开关量混合信号输入输出接口设备。可以输入和输出 AI、AO、DI、DO 四种信号。

2）按照产品的结构分类

根据产品的不同结构，I/O 接口设备可分为：板卡、模块、PLC、智能仪表等。

（1）板卡。板卡一端插在计算机机箱内的扩展槽上，另一端以插座或插头形式装在计算机背板上。安装在机箱内扩展槽上的插针是板卡与计算机进行信号连接的通道；安装在机箱背板上的连接插座或插头是板卡与外部输入输出设备进行信号连接的通道。根据计算机总线的不同又有 PCI 总线板卡和 ISA 总线板卡等，现在使用 ISA 总线板卡的计算机已经不多见了。

板卡的特点是结构简单，价格较低。

（2）I/O 模块。与板卡不同，模块是安装在工控机外面的 I/O 设备，模块与外部设备通过模块上的接线端子连接，模块与工控机之间通过 RS232 串行口或 USB 口连接。模块的优点是安装比较方便，工程上应用较多。

（3）PLC。PLC 本身是控制器，可以采集传感器等输入设备的信号，将控制命令送到电磁阀、接触器等输出设备上。由于 PLC 与工控机之间通信很方便，工控机也可以直接通过 PLC 与外部输入输出设备沟通，此时 PLC 就是计算机的 I/O 接口设备。当然，如果 PLC 还负责控制任务，它就既是 I/O 接口设备也是控制设备。

（4）其他 I/O 接口：包括智能仪表、其他智能控制器如变频器等。

2. 选择机械手系统的 I/O 设备

机械手系统的 I/O 点如表 2-2 所示。本项目选择中泰公司板卡产品。

表 2-2　机械手系统 I/O 情况表

序号	名称	功能	性质	特　征
1	SB1	启动/停止按钮	DI	常开，带自锁，带灯
2	SB2	复位停止按钮	DI	常开，带自锁，带灯
3	YV1-1	放松信号	DO	工作电压 DC24V，1.5W，高电平动作
4	YV1-2	夹紧信号	DO	工作电压 DC24V，1.5W，高电平动作
5	YV2-1	下移信号	DO	工作电压 DC24V，1.5W，高电平动作
6	YV2-2	上移信号	DO	工作电压 DC24V，1.5W，高电平动作
7	YV3-1	左移信号	DO	工作电压 DC24V，1.5W，高电平动作
8	YV3-2	右移信号	DO	工作电压 DC24V，1.5W，高电平动作

2.2.5　方框图和电路接线图绘制

1. 接线端子板

PCI-8408 板卡通过安装在计算机背板上的 37 针 D 型插座与外部设备连接，其外形如图 2-8 所示。为方便安装，厂家提供了专门的接线端子板，其中 PS-037 是最简单的一种，它以接线端子形式与输入输出设备相连，通过 D

型插座和电缆与计算机内的板卡相连，如图 2-9 所示。接线端子板安装在计算机机箱外。

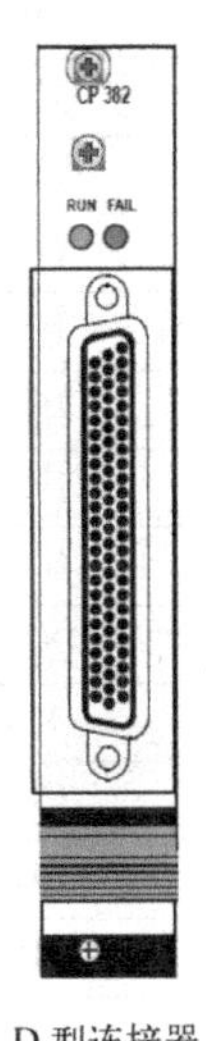

D 型连接器

图 2-8　D 型连接器

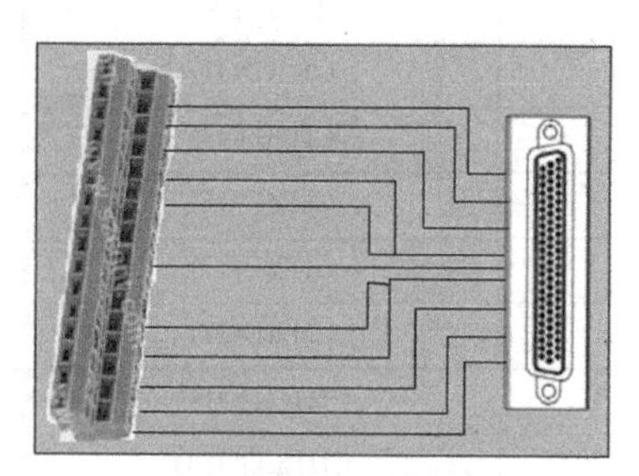

（a）接线端子板示意图

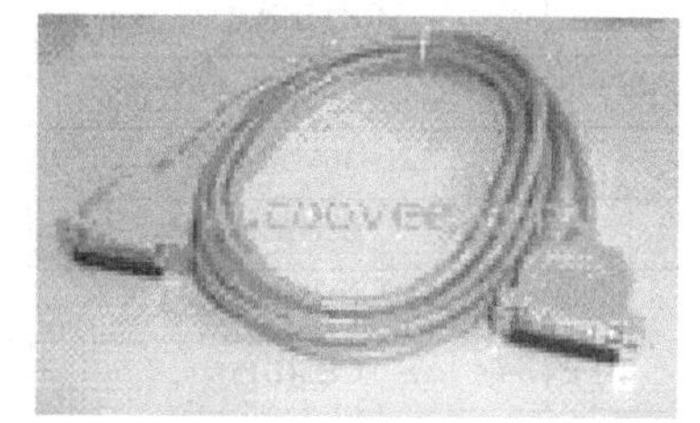

（b）连接电缆

图 2-9　PS-037 接线端子板示意图

2．机械手系统方框图

机械手系统方框图如图 2-10 所示。

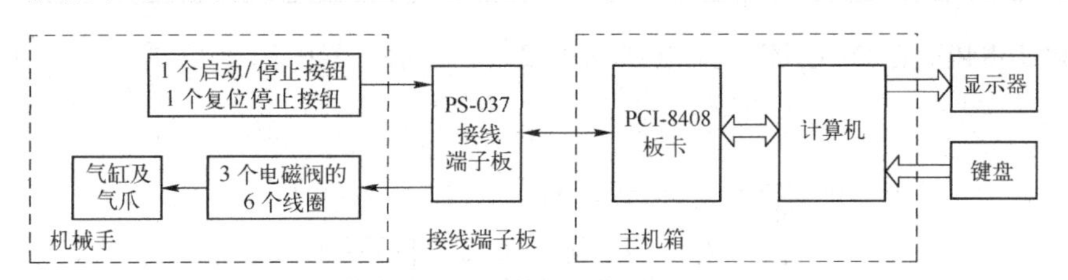

（a）机械手系统方框图 1

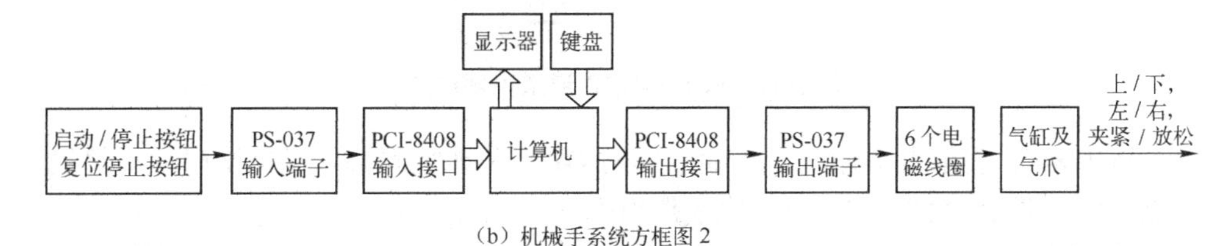

（b）机械手系统方框图 2

图 2-10　机械手系统方框图

PCI-8408 板卡引脚定义如表 2-3 所示。

表 2-3　PCI-8408 板卡引脚定义

引脚号	信号定义	引脚号	信号定义
1	CH1(DO1)	20	CH2(DO2)
2	CH3(DO3)	21	CH4(DO4)
3	CH5(DO5)	22	CH6(DO6)
4	CH7(DO7)	23	CH8(DO8)
5	CH9(DO9)	24	CH10(DO10)
6	CH11(DO11)	25	CH12(DO12)
7	CH13(DO13)	26	CH14(DO14)
8	CH15(DO15)	27	CH16(DO16)
9	DO 公共地	28	DO 公共地
10	12～36V 电源输入	29	12～36V 电源输入
11	CH1(DI1)	30	CH2(DI2)
12	CH3(DI3)	31	CH4(DI4)
13	CH5(DI5)	32	CH6(DI6)
14	CH7(DIO7)	33	CH8(DI8)
15	CH9(DI9)	34	CH10(DI10)
16	CH11(DI11)	35	CH12(DI12)
17	CH13(DI13)	36	CH14(DI14)
18	CH15(DI15)	37	CH16(DI16)
19	DI 公共地		

PCI-8408 的 DI 通道内部电路如图 2-11 所示，图中只画出了一个通道的情况。

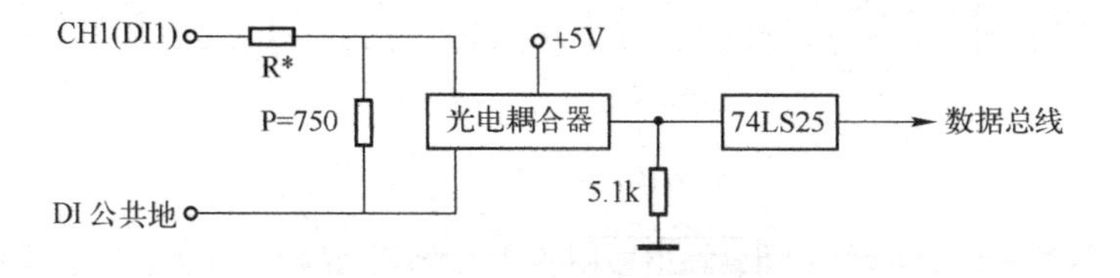

图 2-11　PCI-8408DI 通道内部电路

PCI-8408 要求电平输入，当输入端与 DI 公共地之间输入高电平时，计算机数据总线上得到“1”信号，否则得到“0”。

根据表 2-3，将两个按钮 SB1、SB2 接入 PCI-8408（PS-037），外部接线如图 2-12 所示。

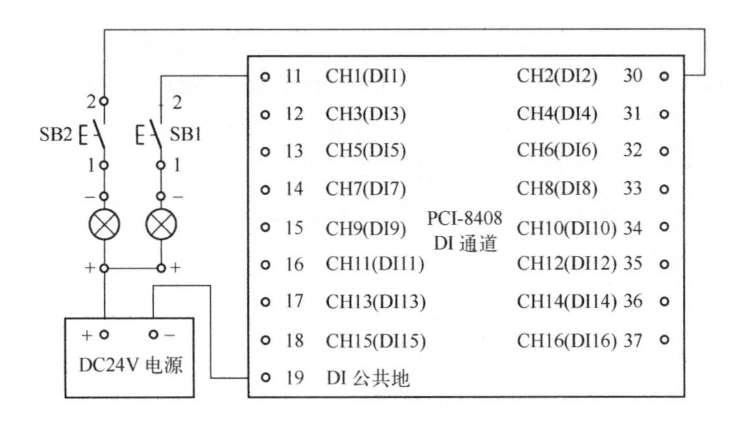

图 2-12　PCI-8408 外部接线

3．PCI-8408 与电磁阀的连接

PCI-8408 的 DO 输出内部电路如图 2-13 所示。计算机数据总线送“1”时，输出驱动器中的三极管导通，输出端电平被下拉到 DO 地。计算机数据总线送“0”时，输出驱动器中的三极管截止，输出端悬空。

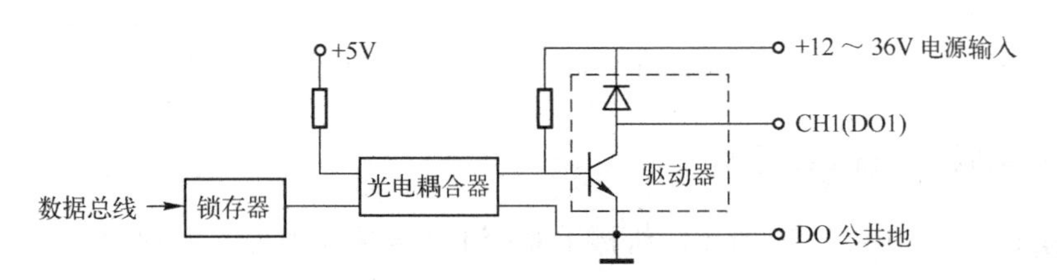

图 2-13　PCI-8408 的 DO 输出通道电路

负载通常接在电源输入端和输出端之间，如图 2-14（a）所示。当计算机数据总线送“1”时，三极管导通，负载得电；当计算机送“0”时，三极管截止，负载失电。

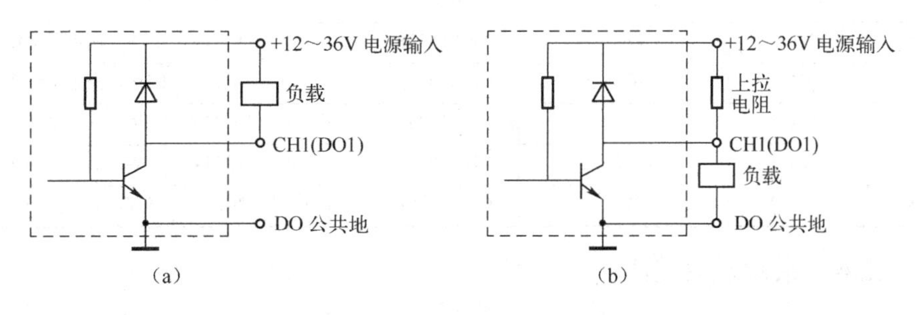

图 2-14　PCI-8408 输出端与负载的连接方法

有时也将负载接在输出端和DO公共地之间，此时电源输入端与输出端之间应接上拉电阻，如图2-14（b）所示。当计算机数据总线送“1”时，三极管导通，负载失电；当计算机送“0”时，三极管截止，负载得电。

PCI-8408板卡的电源输入应根据负载需要在+12～+36V之间选择。按照图2-14（a）所示方法将6个电磁阀控制信号连接到板卡（PS-037）上，外部电路连接如图2-15所示。

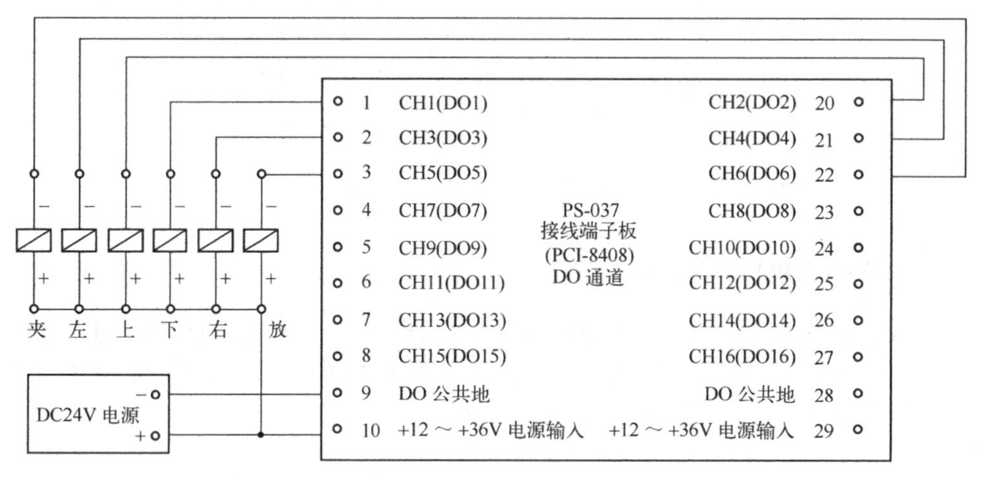

图2-15 电磁阀与PS-037（PCI-8408）DO通道的连接

4．机械手系统I/O分配

由图2-12和图2-15所示，机械手系统I/O分配如表2-4所列。

表2-4 机械手系统I/O分配表

序号	名称	功能	性质	特征
1	SB1	启动/停止按钮	CH1(DI1)	常开，带自锁，带灯
2	SB2	复位停止按钮	CH2(DI2)	常开，带自锁，带灯
3	YV1-1	下移信号	CH1(DO1)	工作电压DC24V，1.5W，高电平动作
4	YV1-2	上移信号	CH2(DO2)	工作电压DC24V，1.5W，高电平动作
5	YV2-1	左移信号	CH3(DO3)	工作电压DC24V，1.5W，高电平动作
6	YV2-2	右移信号	CH4(DO4)	工作电压DC24V，1.5W，高电平动作
7	YV3-1	放松信号	CH5(DO5)	工作电压DC24V，1.5W，高电平动作
8	YV3-2	夹紧信号	CH6(DO6)	工作电压DC24V，1.5W，高电平动作

2.2.6 系统软件选型

选用国产通用组态软件MCGS。

任务 3　界面的设计与制作

2.3.1　工程的建立

（1）双击桌面“MCGS 组态环境”图标，进入组态环境，出现如图 2-16 所示的画面。

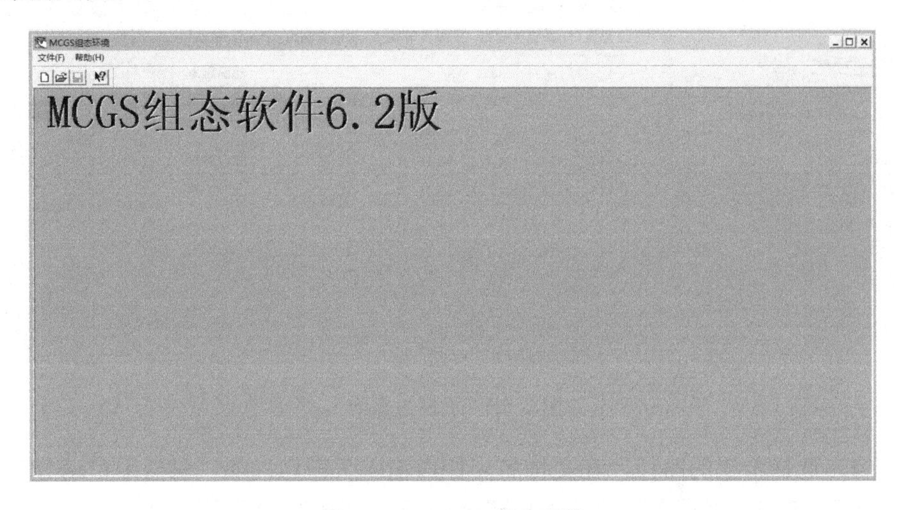

图 2-16　MCGS 组态环境

（2）单击“文件”菜单，弹出下拉菜单，单击“新建工程”，或直接单击工具栏上的“新建”图标，将弹出如图 2-17 所示的画面。

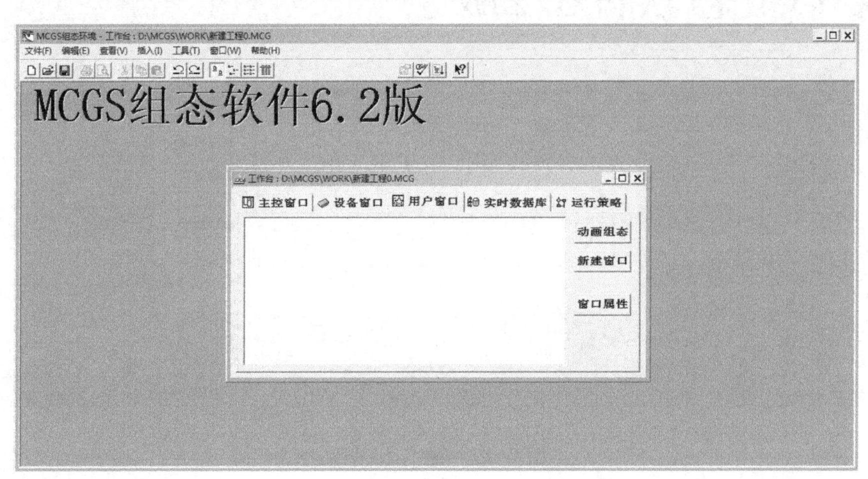

图 2-17　新建工程

（3）单击“文件”菜单，弹出下拉菜单，单击“工程另存为”，弹出文件保存窗口，如图 2-18 所示。

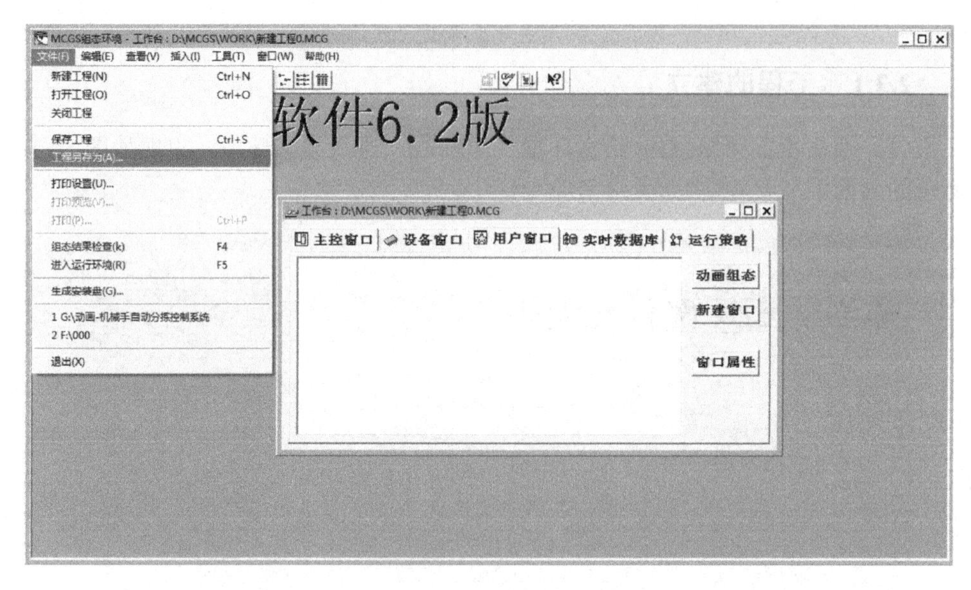

图 2-18　工程另存为

（4）选择希望的路径，在文件名一栏内输入工程名，如“机械手自动分拣控制系统”，单击“保存”按钮，工程建立完毕。如图 2-19 所示。

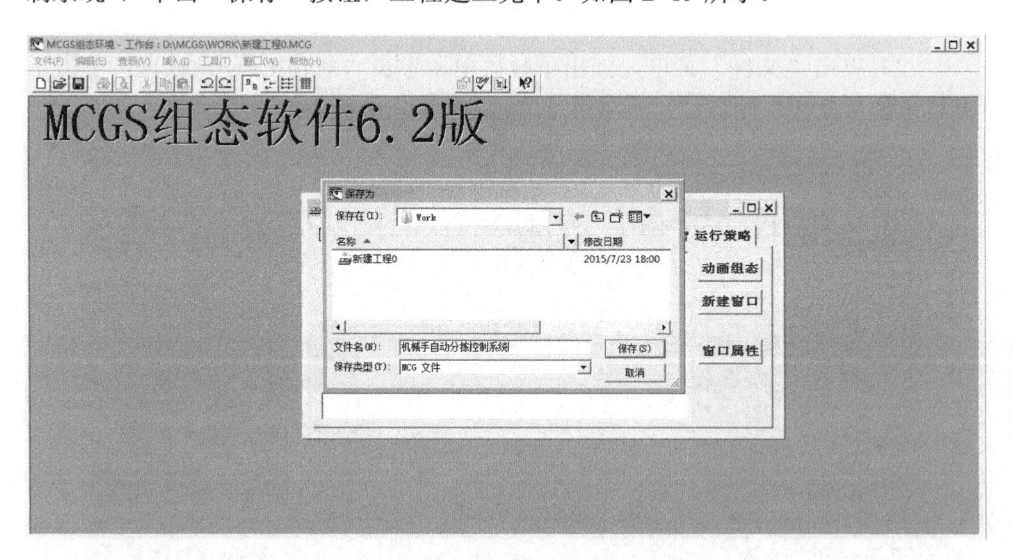

图 2-19　输入工程名

2.3.2　变量的定义

变量也叫数据对象，其定义方法如下。

1．变量分配

变量定义前要对系统进行分析，确定需要的变量，本系统至少有 8 个变量，见表 2-5。

表 2-5　机械手监控系统变量分配表

变 量 名	类型	初值	注 释
启动/停止按钮	开关型	0	机械手启停信号，输入=1 启动，输入=0 停止
复位停止按钮	开关型	0	机械手复位停止控制信号，输入=1 复位后停止，输入=0 无效
放松信号	开关型	0	机械手动作控制，输出 1 有效
夹紧信号	开关型	0	机械手动作控制，输出 1 有效
下移信号	开关型	0	机械手动作控制，输出 1 有效
上移信号	开关型	0	机械手动作控制，输出 1 有效
左移信号	开关型	0	机械手动作控制，输出 1 有效
右移信号	开关型	0	机械手动作控制，输出 1 有效

2．变量定义步骤

（1）单击工作台中的“实时数据库”选项卡，进入“实时数据库”窗口页。

（2）单击工作台右侧“新增对象”按钮，在数据对象列表中立刻出现了一个新的数据对象，如图 2-20 所示。

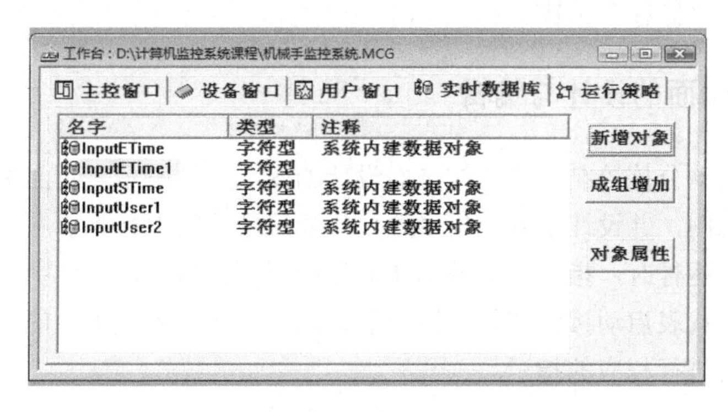

图 2-20　新增数据对象

（3）选中该数据对象，单击右侧“对象属性”按钮或直接双击该数据对象，弹出“数据对象属性设置”窗口，如图 2-21 所示。

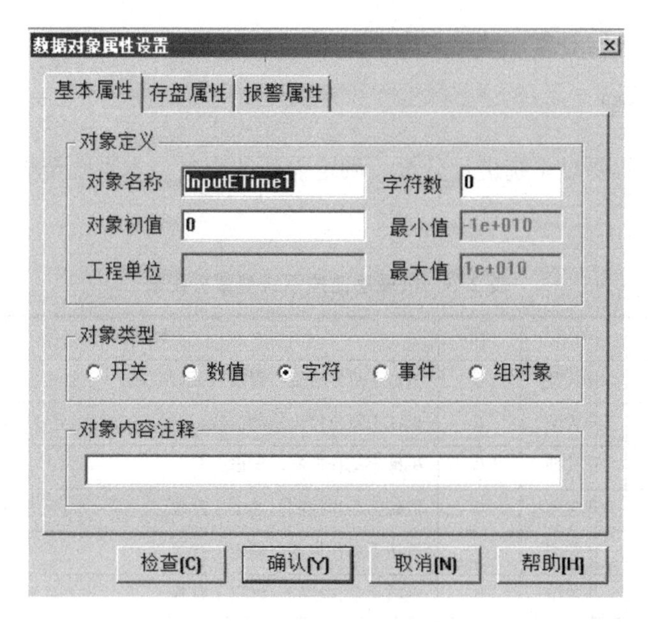

图 2-21 “数据对象属性设置”窗口

（4）将“对象名称”改为“启动/停止按钮”（注意符号的半角/圆角输入切换）；“对象初值”改为“0”；“对象类型”改为“开关型”；“对象内容注释”栏填入“机械手启停信号，输入=1 启动，输入=0 停止”。

（5）单击“确认”按钮。

（6）参考上述方法，重复（2）～（5），定义其他 7 个数据对象。

（7）单击“保存”按钮。

2.3.3 画面的设计与编辑

机械手自动分拣控制系统监控画面设计如图 2-22 所示。画面中画出了机械手的简单示意图，并设计了 6 个指示灯，代表机械手的上、下、左、右、夹紧、放松等动作。运行时，指示灯应随动作变化进行相应指示。画面中还设计了两个状态指示灯，代表启动按钮和复位按钮的状态。当按下机械手上的启动和复位按钮时，它们将进行相应的指示。

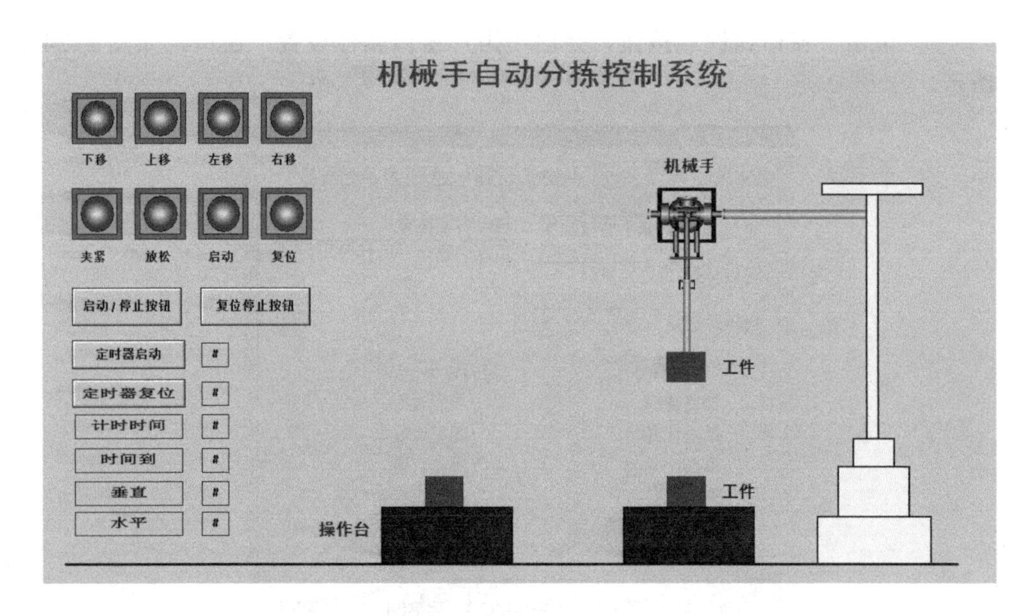

图 2-22　机械手自动分拣控制系统监控画面

画面设计包括建立画面、编辑画面两个步骤。

1．建立画面

① 单击屏幕左上角的工作台图标，弹出“工作台”窗口。

② 单击“用户窗口”选项卡，进入“用户窗口”页。

③ 单击右侧“新建窗口”按钮，出现“窗口 0”图标，如图 2-23 所示。

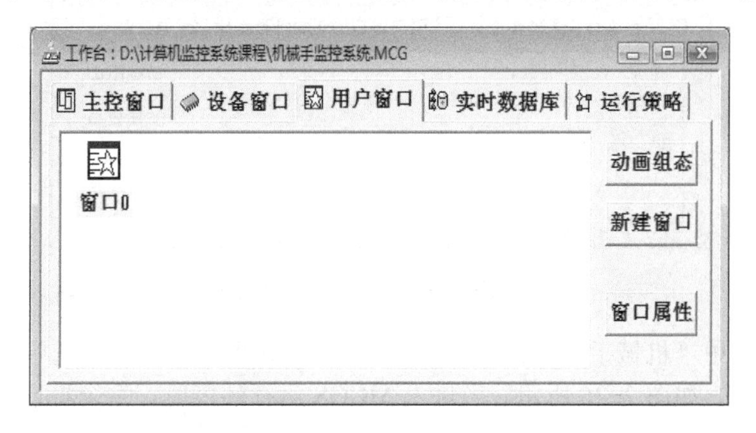

图 2-23　新建用户窗口

④ 单击“窗口属性”按钮，弹出“用户窗口属性设置”窗口，如图 2-24 所示。

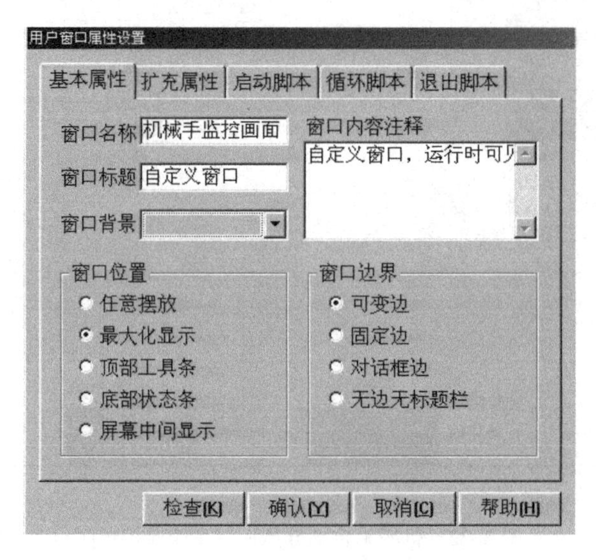

图 2-24　设置用户窗口的属性

⑤ 在“窗口名称”栏内填入“机械手监控画面”，“窗口位置”选“最大化显示”，其他不变。单击“确认”按钮。

⑥ 观察“工作台”的“用户窗口”，“窗口 0”图标已变为“机械手监控画面”，如图 2-25 所示。

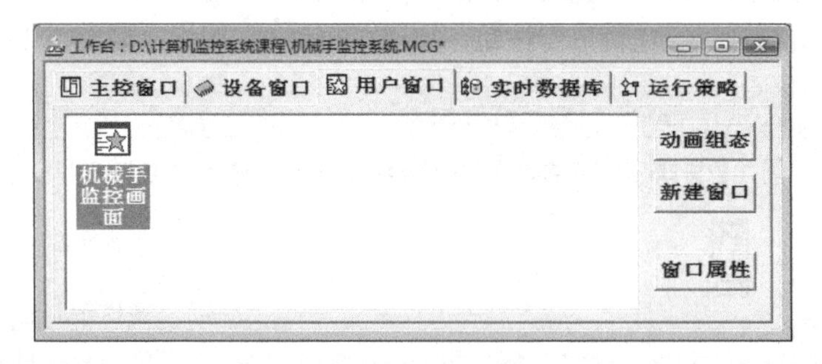

图 2-25　设置后的用户窗口图标

⑦ 选中“机械手监控画面”，单击右键，弹出下拉菜单，选中“设置为启动窗口”，如图 2-26 所示。当进入 MCGS 运行环境时，系统将自动加载该窗口。

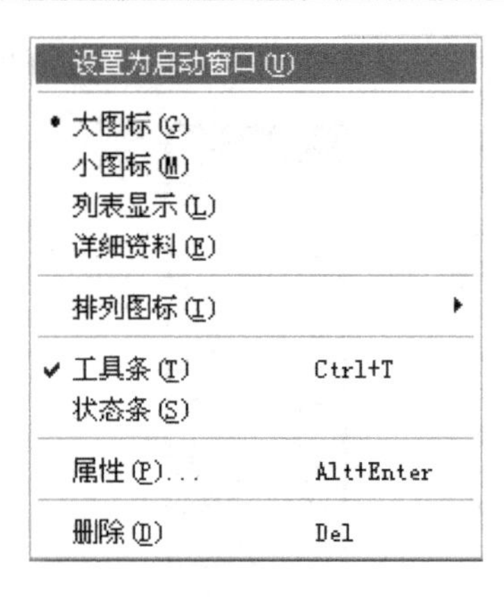

图 2-26 设置为启动窗口

2．编辑画面

1）进入画面编辑环境

① 在“用户窗口”中，选中“机械手监控画面”，单击右侧“动画组态”按钮（或双击“机械手监控画面”），进入动画组态窗口，如图 2-27 所示，之后就可以在这个窗口里编辑自己的画面了。

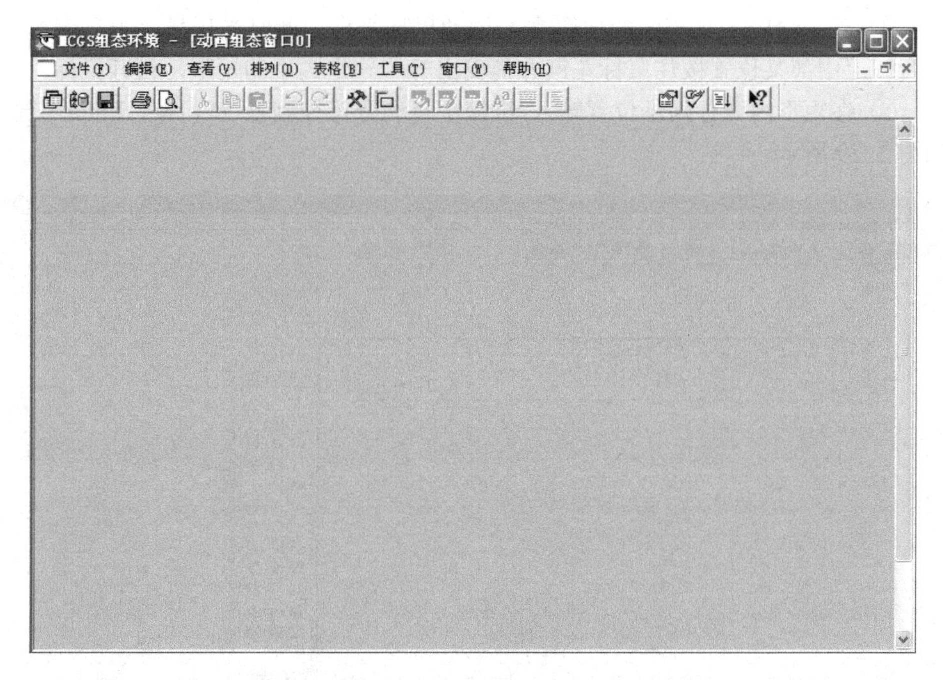

图 2-27 进入画面编辑环境

② 单击“工具箱”图标，弹出绘图工具箱，如图 2-28 所示。

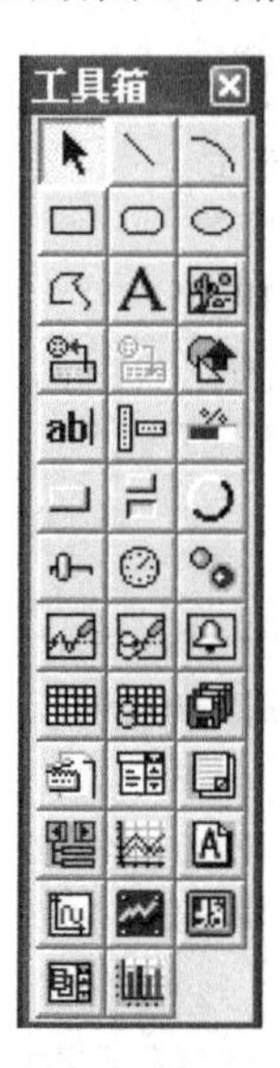

图 2-28　MCGS 的工具箱

2）输入文字

① 单击绘图工具箱中的按钮**A**，挪动鼠标光标，此时光标呈“十”字形，在窗口上中部某位置按住鼠标左键并拖曳出一个一定大小的矩形，松开鼠标。

② 在矩形内光标闪烁位置输入“机械手自动分拣控制系统”，按“Enter”键，如图 2-29 所示。

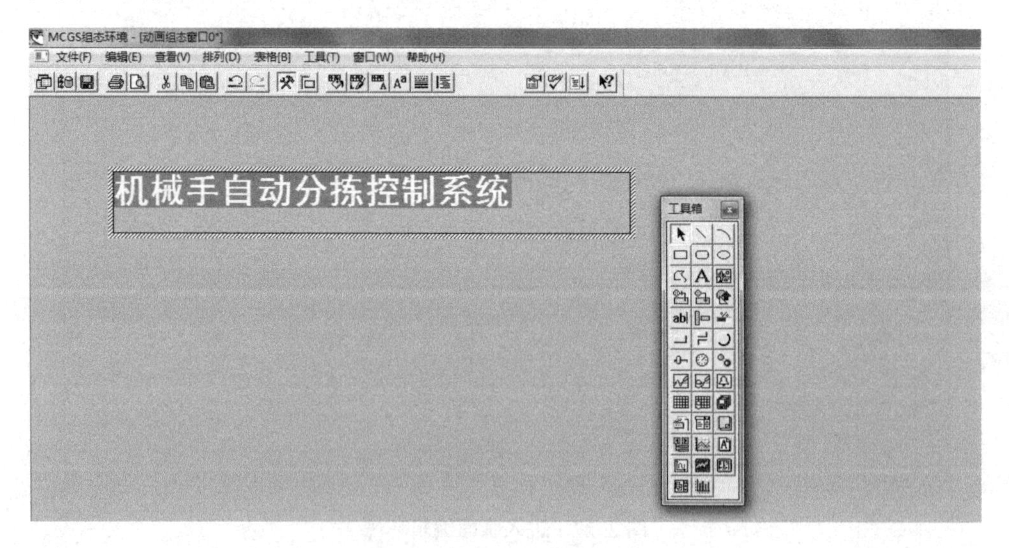

图 2-29　输入和编辑文字

③ 鼠标单击文本框外任意空白处，结束文字输入。如果文字输错了或对输入的文字的字形、字号、颜色、位置等不满意，可进行以下操作：鼠标单击已输入的文字，在文字周围出现了许多小方块（称为拖曳手柄），如图 2-30 所示，表明文本框被选中，可对其进行编辑了。

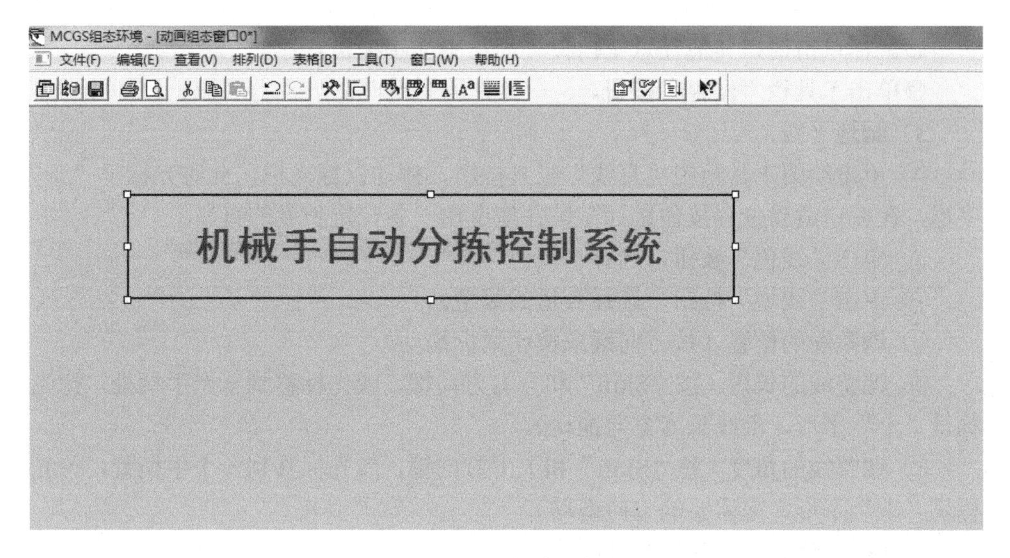

图 2-30　拖曳手柄

注意：对任何对象的编辑都要先选中，再编辑。

④ 单击右键，弹出下拉菜单，选择“改字符”。

⑤ 修改文字后，在窗口任意空白位置单击鼠标，结束文字输入。

⑥ 鼠标选中文字，单击窗口上方工具栏中的“填充色”按钮，弹出填充颜色菜单，选择“没有填充”。

⑦ 单击“线色”按钮，弹出线颜色菜单，选择“没有边线”。

⑧ 单击“字体”按钮，弹出字体菜单，设置字体为“隶书”，字体样式为“粗体”，大小为“1 号”。选择完单击“确认”按钮。

⑨ 单击“字体颜色”按钮，弹出字体颜色菜单，选择“蓝色”。

⑩ 单击“字体位置”按钮，弹出左对齐、居中、右对齐三个图标，选择“居中”。

注意：这里的居中是指文字在文本框内左右、上下位置居中。

如果文字的整体位置不理想，可按下键盘的方向键（↑、↓、←、→），或按住鼠标左键拖曳，直至位置合适，再松开鼠标。

如果觉得文本框太大或太小，可同时按住“Shift”键和方向键中的一个；或移动鼠标到小方块（拖曳手柄）位置，待光标呈纵向或横向或斜向“双箭头”形，即可按住左键拖曳，改变文本框大小直至满意。

若要删除文字，用鼠标选中文字，按“Del”键。

想恢复刚刚被删除的文字，单击“撤销”按钮。

⑪鼠标单击窗口其他任意空白位置，结束文字编辑。

⑫单击工具栏“保存”按钮。

3）画地平线

① 单击绘图工具箱中“直线”工具按钮，挪动鼠标光标，此时光标呈“十”字形，在窗口适当位置按住鼠标左键并拖曳出一条一定长度的直线。

② 单击“线色”按钮，选择“黑色”。

③ 单击“线型”按钮，选择合适的线型。

④ 调整线的位置（按方向键或按住鼠标拖动）。

⑤ 调整线的长短（按“Shift”和左右方向键，或光标移到一个手柄处，待光标呈“十”字形，沿线长度方向拖动）。

⑥ 调整线的角度（按“Shift”和上下方向键，或光标移到一个手柄处，待光标呈“十”字形，向需要的方向拖动）。

⑦ 线的删除与文字删除相同。

⑧ 单击工具栏“保存”按钮。

4）画矩形

① 单击绘图工具箱中的“矩形”工具按钮，挪动鼠标光标，此时光标呈“十”字形，在窗口适当位置按住鼠标左键并拖曳出一个一定大小的矩形。

② 单击窗口上方工具栏中的“填充色”按钮，选择“蓝色”。

③ 单击“线色”按钮，选择“没有边线”。

④ 调整位置（按键盘的方向键，或按住鼠标左键拖曳）。

⑤ 调整大小（同时按键盘的“Shift”键和方向键中的一个；或移动鼠标，待光标呈横向或纵向或斜向“双箭头”形，按住左键拖曳）。

⑥ 单击窗口其他任何一个空白地方，结束第 1 个矩形的编辑。

⑦ 依次画出机械手画面的矩形部分。

⑧ 单击工具栏“保存”按钮。

5）画机械手

① 单击绘图工具箱中的“插入元件”按钮，弹出“对象元件库管理”窗口。

② 双击窗口左侧“对象元件列表”中的“其他”，展开该列表项，单击“机械手”，右侧窗口出现如图 2-31 所示机械手图形。

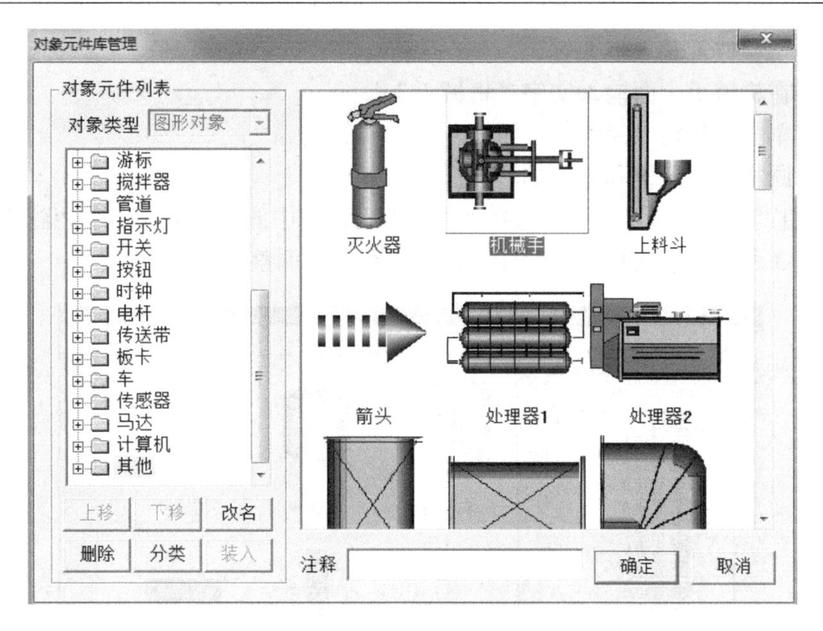

图 2-31　图库中的机械手

③ 单击右侧窗口的机械手，图形外围出现矩形，表明该图形被选中，单击“确定”按钮。

④ 机械手监控画面窗口中出现机械手的图形。

⑤ 在机械手被选中的情况下，单击“排列”菜单，选择“旋转”→“右旋 90 度”（如图 2-32 所示），使机械手旋转 90°。

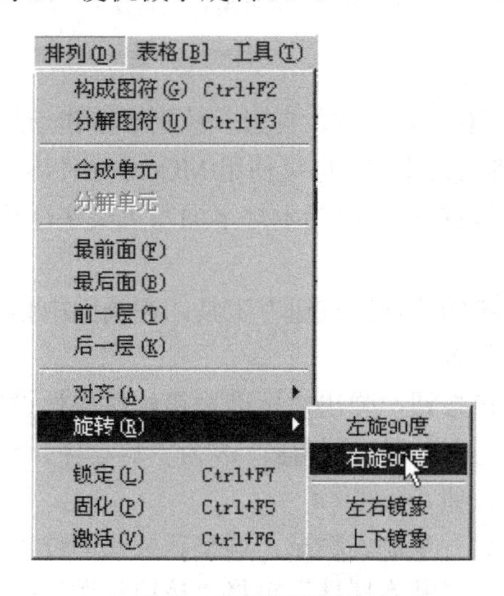

图 2-32　排列菜单

⑥ 调整位置和大小。

⑦ 在机械手上面输入文字“机械手”。

⑧ 单击工具栏“保存”按钮。

6）画机械手左侧和下方的滑杆

利用“插入元件”工具，选择“管道”元件库中的“管道95”和“管道96”，如图2-33所示，分别画两个滑杆，将大小和位置调整好。

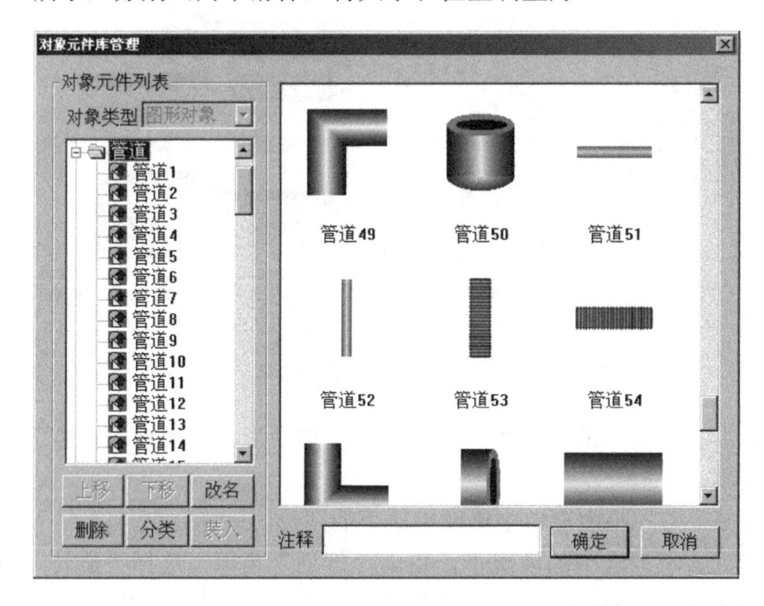

图2-33 滑杆所在元件库

7）画指示灯

启动、复位、上、下、左、右、夹紧、放松8个指示灯显示机械手的工作状态。指示灯可以用画圆工具绘制，也可使用MCGS元件库中提供的指示灯，这里选择2号指示灯。画好后在每一个指示灯下面写上文字注释。

8）画按钮

① 单击画图工具箱的“标准按钮”工具，在画面中画出一定大小的按钮。

② 调整其大小和位置。

③ 鼠标左键双击该按钮，弹出“标准按钮构件属性设置”窗口，如图2-34所示，在“基本属性”页将“按钮标题”改为“启动停止按钮”。

④ 单击“确认”按钮。

⑤ 对画好的按钮进行复制、粘贴，调整新按钮的位置。

⑥ 双击新按钮，在“基本属性”页将“按钮标题”改为“复位停止按钮”。

⑦ 调整位置和大小。

⑧ 单击工具栏“保存”按钮。

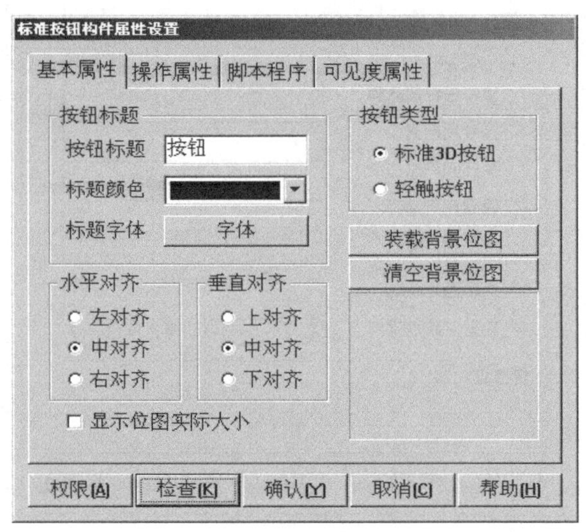

图 2-34 “标准按钮构件属性设置”窗口

2.3.4　动画连接与调试

画面编辑好以后，要将画面中的图形与前面定义的数据对象关联起来，以便运行时，画面上的内容能随变量变化。

将画面上的对象与变量关联的过程叫动画连接，下面介绍如何对按钮和指示灯及其他构件进行动画连接。

特别说明：在此之前要定义“垂直移动量”和“水平移动量”两个新的变量，均为数值型，初值都为 0，具体设置方法参见前面的相关内容。

1. 按钮的动画连接

（1）双击“启动停止按钮”，弹出属性设置窗口，单击“操作属性”选项卡，显示该页，如图 2-35 所示。选中“数据对象值操作”。

（2）单击第 1 个下拉列表框的“▼”按钮，弹出按钮动作下拉菜单，单击“取反”。

（3）单击第 2 个下拉列表框的“？”按钮，弹出当前用户定义的所有数据对象列表，双击“启动停止按钮”。

（4）用同样的方法建立“复位停止按钮”与对应变量之间的动画连接。单击“保存”按钮。

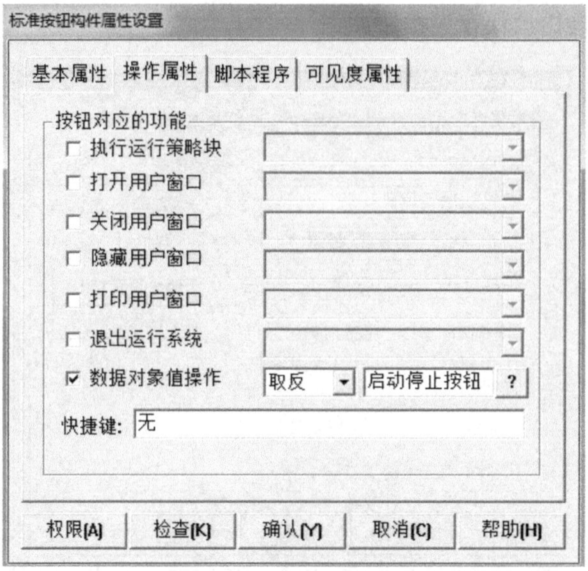

标准按钮构件属性设置
基本属性
操作属性
脚本程序
可见度属性
按钮对应的功能
执行运行策略块
打开用户窗口
关闭用户窗口
隐藏用户窗口
打印用户窗口
退出运行系统
数据对象值操作
取反
启动停止按钮
?
快捷键:
无
权限[A]
检查[K]
确认[Y]
取消[C]
帮助[H]

图 2-35　按钮操作属性连接

2．指示灯的动画连接

1）方法一

（1）双击“启动”指示灯，弹出“单元属性设置”窗口。

（2）单击“动画连接”选项卡，进入该页，如图 2-36 所示。

单元属性设置
数据对象
动画连接
图元名
连接类型
连接表达式
三维圆球
可见度
@开关量
三维圆球
可见度
@开关量
检查[K]
确认[Y]
取消[C]
帮助[H]

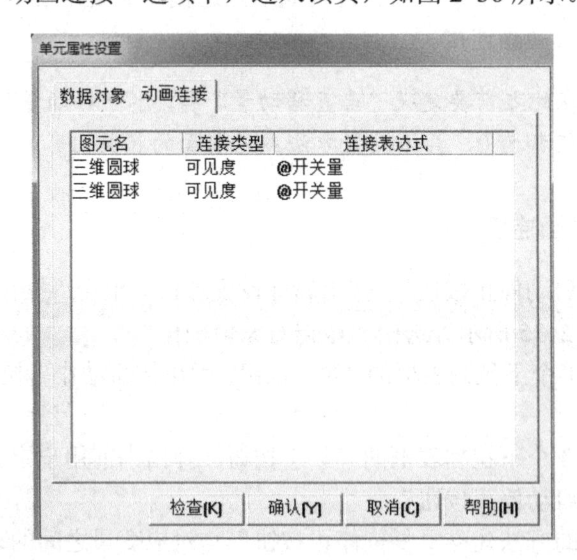

图 2-36　指示灯动画连接 1

（3）先单击上面的一个“三维圆球”，出现“？”和“＞”按钮。

（4）单击“＞”按钮，弹出“动画组态属性设置”窗口。单击“属性设置”选项卡，进入该页，如图 2-37 所示。

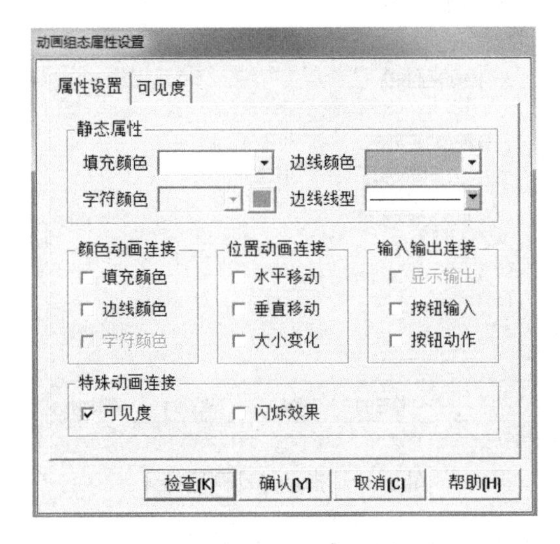

图 2-37　指示灯动画连接 2

（5）选中“可见度”，其他项不选。

（6）单击“可见度”选项卡，进入该页，如图 2-38 所示。

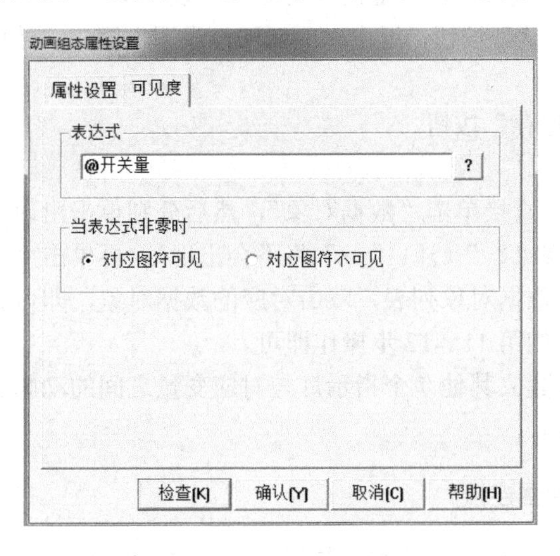

图 2-38　指示灯动画连接 3

（7）在“表达式”一栏，单击“？”按钮，弹出当前用户定义的所有数据对象列表，双击“启动停止按钮”（也可在这一栏直接输入文字“启动停止按钮”）。

（8）在“当表达式非零时”一栏，选择“对应图符可见”，如图 2-39 所示。

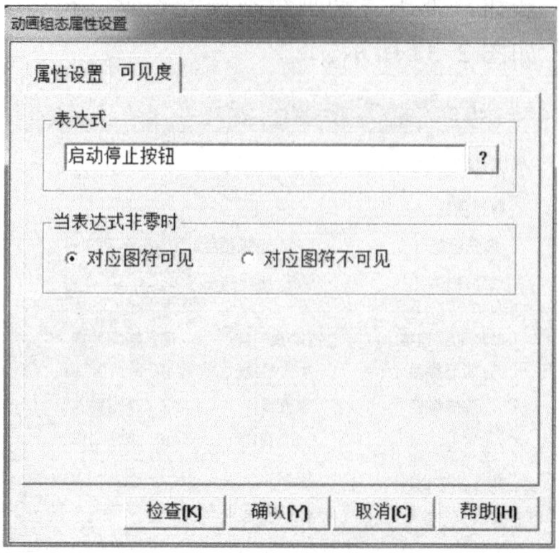

图 2-39　指示灯动画连接 4

（9）再用相同的方法处理第 2 个“三维圆球”。

注意： 此时在“当表达式非零时”一栏，选择“对应图符不可见”。

（10）单击“确认”按钮，退出“可见度”设置页。

（11）单击“确认”按钮，退出“单元属性设置”窗口，结束启动指示灯的动画连接。

（12）单击“保存”按钮。

2）方法二

在图 2-36 中，直接单击“数据对象”，然后分别单击出现的每一个“三维圆球”，此时都只出现“？”（注：“＞”将不会出现），再单击“？”按钮，弹出当前用户定义的所有数据对象列表，双击对应的数据对象，即可完成动画连接。之后，按照方法一中的第 11、12 步操作即可。

用同样的方法建立其他 7 个指示灯与对应变量之间的动画连接。请读者参考上述方法自己完成。

3. 垂直移动动画连接

单击“查看”菜单，选择“状态条”，如图 2-40 所示，在屏幕下方出现状态条，状态条左侧文字代表当前操作状态，右侧显示被选中对象的位置坐标和大小。

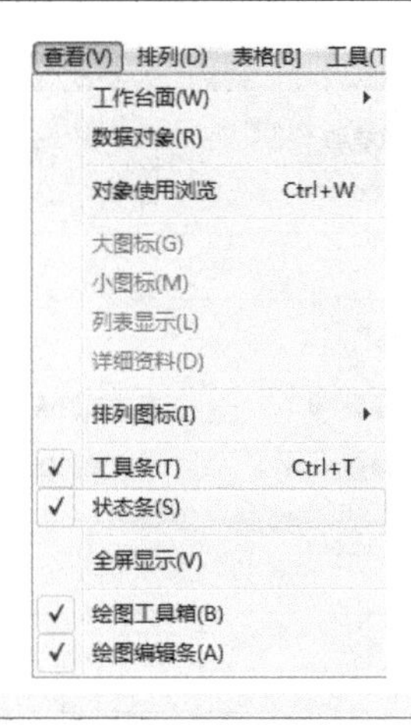

图 2-40　状态条显示

在上工件底边与下工件顶边之间画出一条直线，根据状态条大小指示可知直线总长度，假设为 147 个像素；也可利用上、下工件的位置信息（坐标）计算出其垂直距离。在机械手监控画面中分别选中并双击上工件及其标签“工件”，将弹出“动画组态属性设置”窗口。在“位置动画连接”一栏中选中“垂直移动”，如图 2-41 所示。

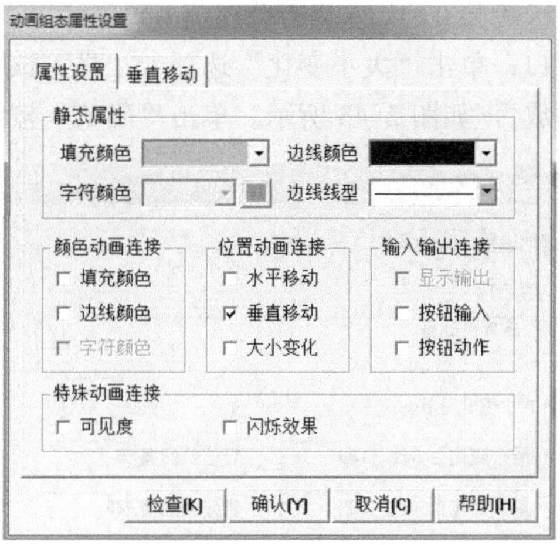

图 2-41　选中垂直移动

单击“垂直移动”选项卡，进入该页，在“表达式”一栏填入“垂直移动量”。在“垂直移动连接”栏填入各项参数：当表达式的值为 0 时，移动偏移量为 0；当表达式的值为 25 时，移动偏移量为 147，如图 2-42 所示。单击“确认”按钮，然后保存。

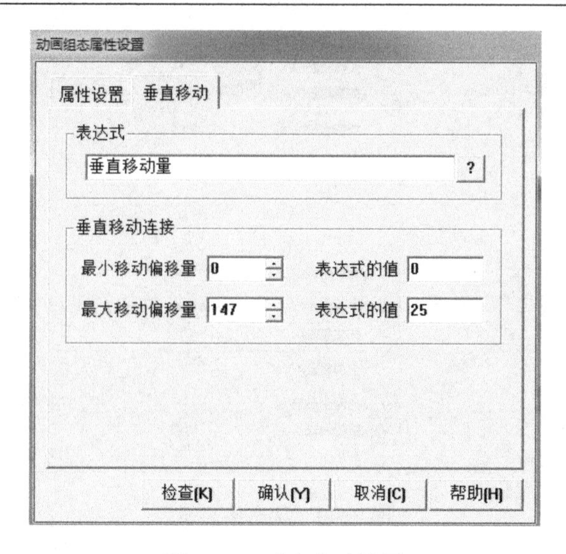

图 2-42　垂直移动设置

4. 垂直缩放动画连接

选中下滑杆，测量其长度。在下滑杆顶边与下工件顶边之间画直线，测量长度。垂直缩放比例=直线长度/下滑杠长度，本例假设为 309（注：此时对应的表达式的值为 25；当表达式为 0 时，变化百分比为 0）。选中并双击下滑杆，弹出“动画组态属性设置”窗口，单击“大小变化”选项卡，进入该页。变化方向选择向下，变化方式为“缩放”，如图 2-43 所示。单击“确认”按钮，然后保存。

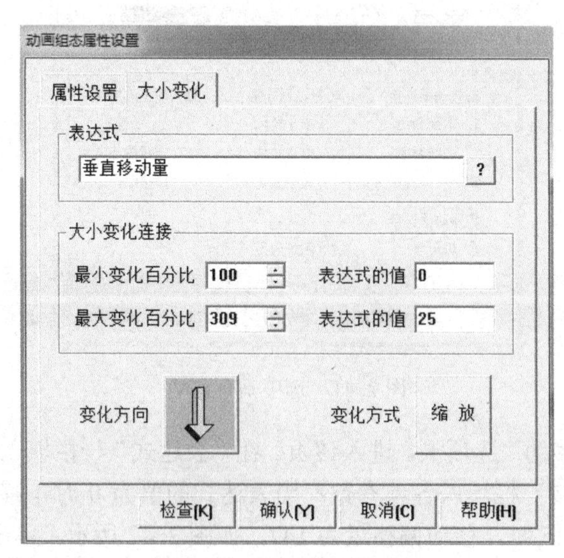

图 2-43　垂直缩放设置

5. 水平移动动画连接

在工件初始位置和移动目的地之间画一条直线，记下状态条大小指示，此参数即为总水平移动距离，假设移动距离为 300。在机械手监控画面中分别选中并双击下滑杆、机械手、上工件及其标签“工件”，每次都弹出“动画组态属性设置”窗口，在“位置动画连接”一栏中均选中“水平移动”。

在水平移动连接栏均填入相同的参数：当表达式的值为 0 时，移动偏移量为 0；当表达式的值为 50 时，移动偏移量为-300，变化方向选择向左，变化方式为缩放，如图 2-44 所示。单击“确认”按钮，然后保存。

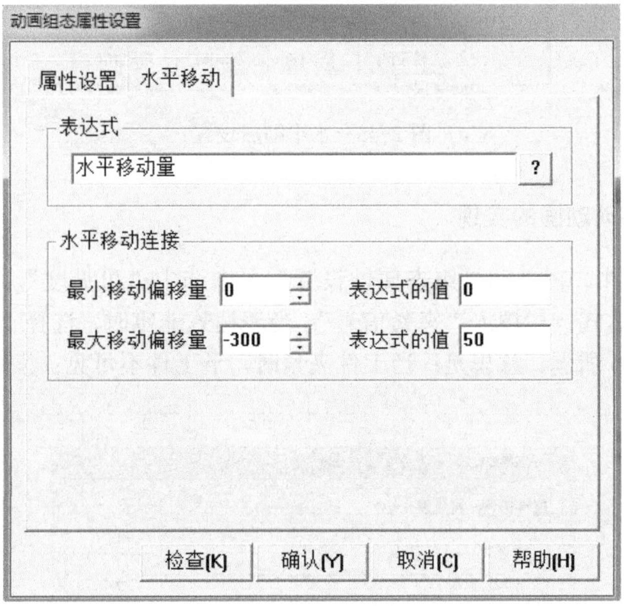

图 2-44　水平移动设置

6. 水平缩放动画连接

根据构件的位置信息（坐标）估计或画线计算上滑杆水平缩放比例，此处假定为 265。

设定参数：在“大小变化连接”栏填入各项参数，当表达式的值为 0 时，移动偏移量为 0；当表达式的值为 50 时，移动偏移量为 265，变化方向选择向左，变化方式为缩放，如图 2-45 所示。单击“确认”按钮，然后保存。

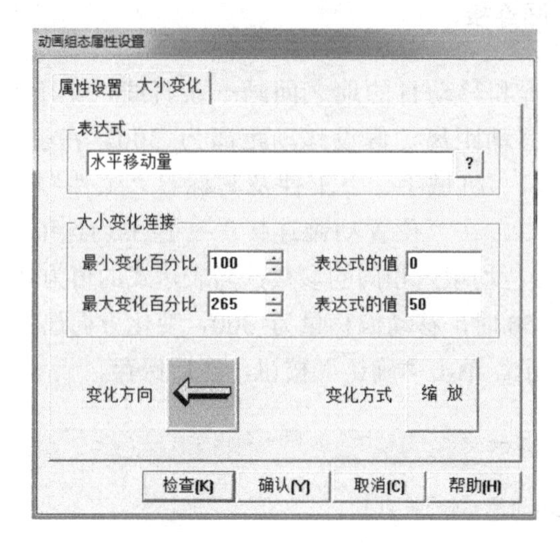

图 2-45　水平缩放设置

7. 工件移动动画的实现

选中下工件，在“动画组态属性设置”页中选中“可见度”，并进入“可见度”页，在表达式一栏填入“夹紧信号”；当表达式非零时，选择“对应图符不可见”，如图 2-46 所示。意思是：当工件夹紧时，下工件不可见；工件没有夹紧时，下工件可见。

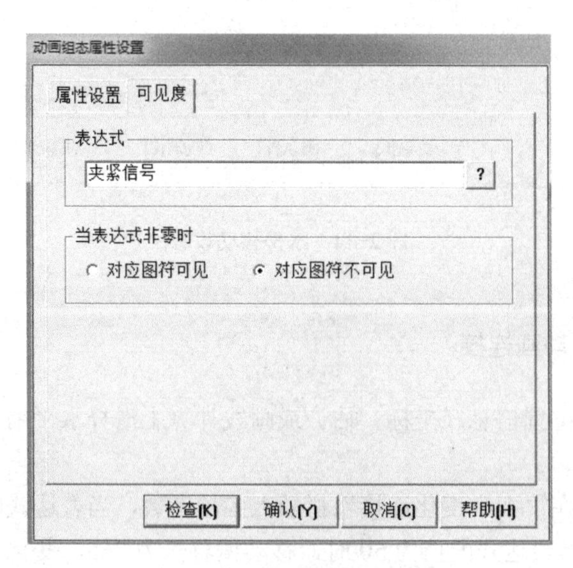

图 2-46　工件移动动画设置

选中并双击上工件，将其可见度属性设置为与下工件相反，即当工件夹紧信号非零时，对应图符可见，否则，不可见；单击“确认”按钮。用相同的方法设置上、下工件的标签“工件”的可见度，然后保存。

2.3.5　显示输出

说明：这里要提前增设 4 个新的变量：定时器启动（开关型）、计时时间（数值型）、时间到（开关型）、定时器复位（开关型），它们的初值都为 0。请读者参考前面变量定义的相关内容自行完成。

（1）单击绘图工具箱中的按钮A，挪动鼠标光标，此时光标呈“十”字形，在“定时器启动按钮”旁边，按住鼠标左键拖曳出一个一定大小的矩形，然后松开鼠标。

（2）在矩形内光标闪烁位置输入“#”，按“Enter”键，然后双击该图标，在输入输出连接框中勾选“显示输出”，画面如图 2-47 所示。

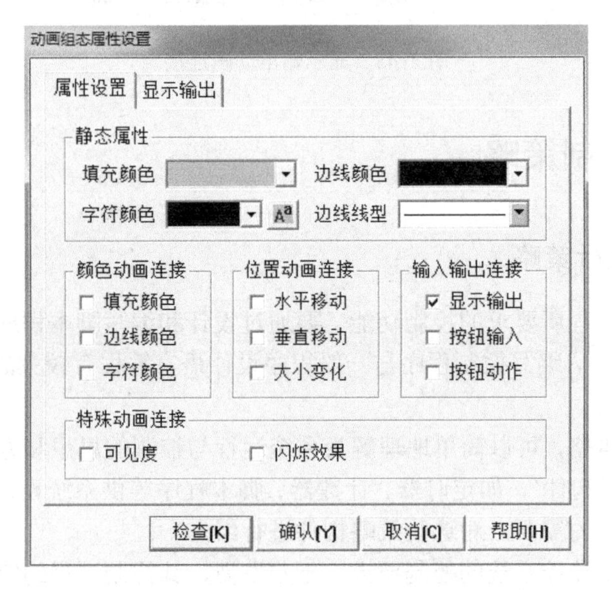

图 2-47　显示属性设置界面

（3）单击“显示输出”按钮，在弹出的对话框中单击表达式下面的“？”，然后双击“定时器启动”，或者直接在“表达式”一栏输入“定时器启动”，输出值类型选择“数值量输出”，其他不变。如图 2-48 所示。

（4）单击“确认”按钮，然后保存。

（5）用相同的方法分别设置“定时器复位”、“计时时间”、“时间到”、“垂直”

和“水平”的显示输出。

说明：上述五个输出值类型均设为“数值量输出”。

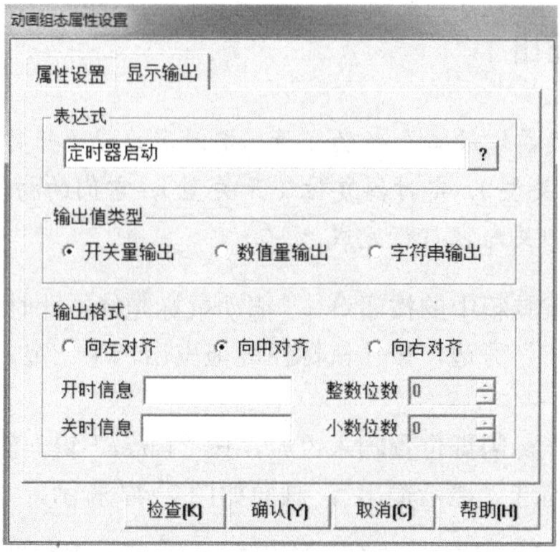

图 2-48　显示输出动画连接

任务 4　控制策略

2.4.1　运行策略

为了实现工程所要求的控制功能，要通过设计和编写脚本程序来实现。

在 MCGS 中，编写控制程序与一般程序设计语言编程有较大的不同，它采用策略组态的形式。

所谓运行策略，可以简单地理解为系统运行与控制的思想和方法。MCGS 提供了许多“策略构件”，如定时器、计数器、脚本程序等供系统设计人员使用。编程就是根据系统的需要，对这些策略构件进行组态。

观察机械手监控系统的控制要求，不难发现，其控制过程的实质是使各个电磁阀定时、顺序动作。让电磁阀动作很简单，只要设法使相应的变量置 0 或置 1 即可。MCGS 提供了定时器构件，因此可以利用它实现定时功能。

2.4.2　定时器的使用

在编写 MCGS 控制程序之前，我们先学习一下定时器的使用。

1）在策略中添加定时器构件

① 单击屏幕左上角的工作台图标，弹出“工作台”窗口。

② 单击“运行策略”选项卡，进入“运行策略”页，如图 2-49 所示。

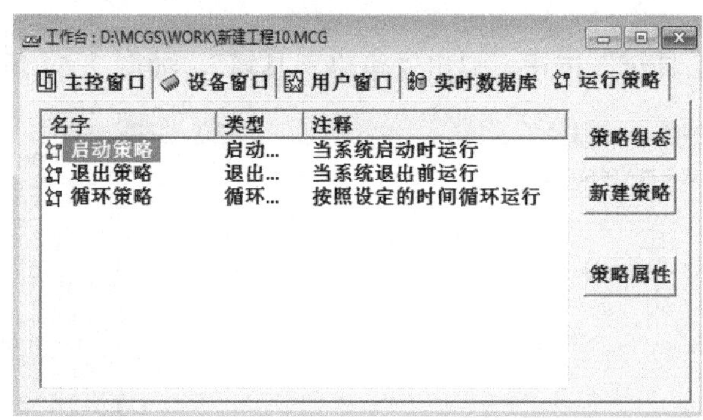

图 2-49　运行策略

说明：“启动策略”是指系统启动时要执行的操作，一般用来完成系统的初始化工作。“退出策略”是指系统退出时要执行的操作，主要进行退出前的善后处理工作。这两个策略都只执行一次，我们暂且不考虑使用。

“循环策略”是系统运行时反复执行的策略，它总是从头到尾执行其内容，执行完成后又重新开始，反复执行，我们可以把主要的策略都放在这里。

③ 选中“循环策略”，单击右侧“策略属性”按钮，弹出“策略属性设置”窗口，在“定时循环执行，循环时间[ms]”一栏中填入“200”，如图 2-50 所示。然后单击“确认”按钮。

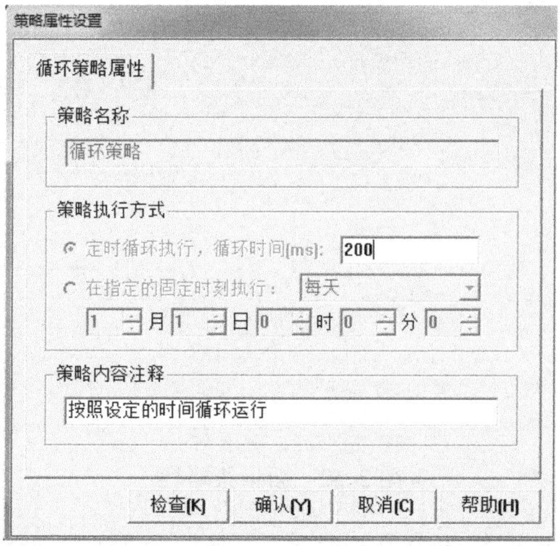

图 2-50　设置循环策略的循环时间

④ 选中“循环策略”，单击右侧“策略组态”按钮，弹出“策略组态：循环策略”窗口。

⑤ 单击“工具箱”按钮，弹出“策略工具箱”，如图 2-51 所示。

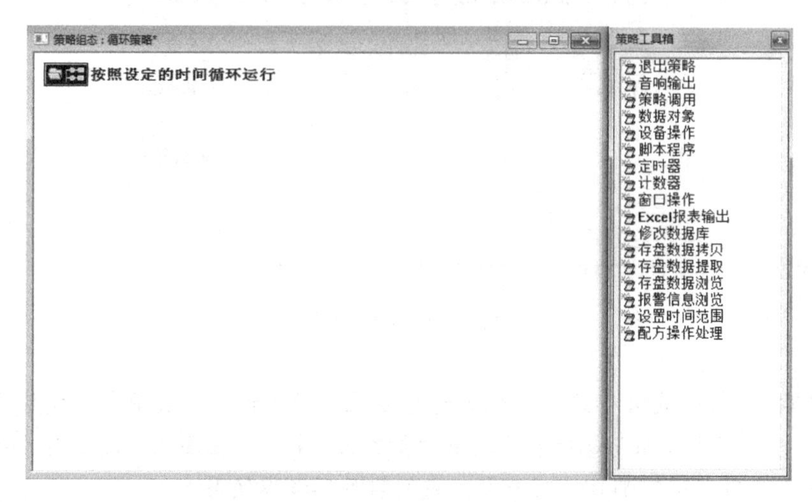

图 2-51　策略工具箱

⑥ 在工具栏找到“新增策略行”按钮并单击，在循环策略窗口出现了一条新策略，如图 2-52 所示。

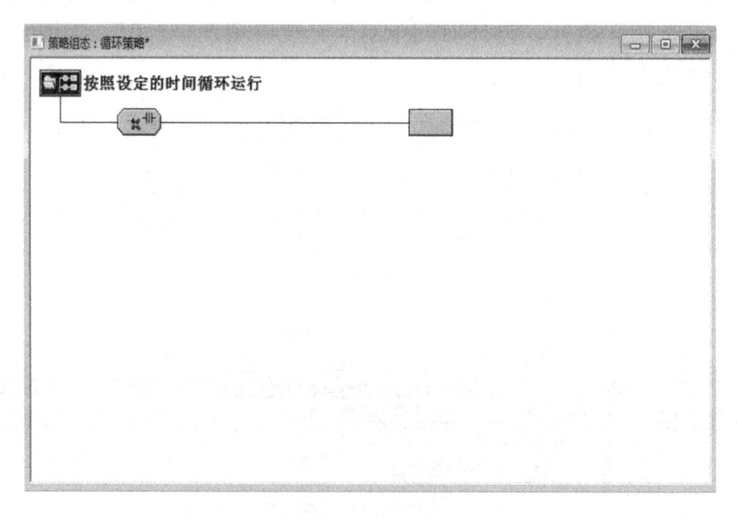

图 2-52　新增策略行

⑦ 在“策略工具箱”选中“定时器”，光标变为小手形状。

⑧ 拖动光标至策略行末端的方块，单击鼠标左键，定时器被加到该策略，如图 2-53 所示。

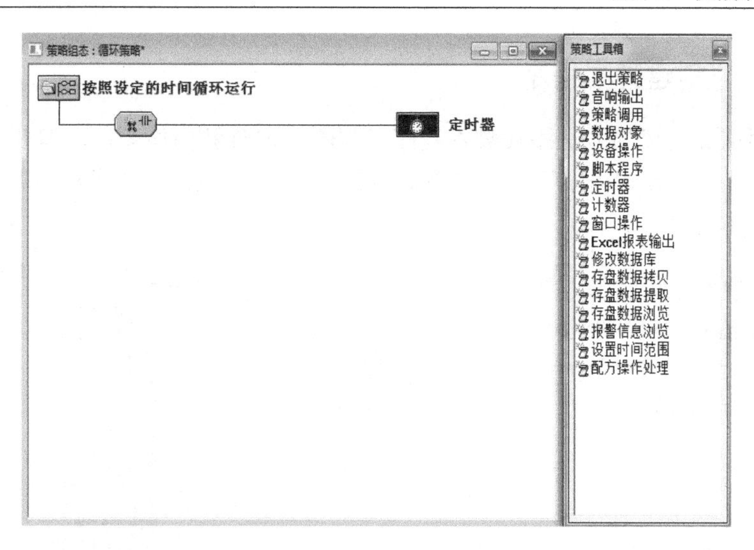

图 2-53　新增定时器策略

2）定时器的功能

① 启停功能：即能在需要的时候被启动，当然也能在需要的时候被停止。

② 计时功能：即启动后进行计时。

③ 定时时间设定功能：即可以根据需要设定定时时间。

④ 状态报告功能：即向用户报告是否到设定时间。

⑤ 复位功能：即在需要的时候将定时器清零。复位与停止不同，停止后不再计时，复位则是使计时时间变为 0。

3）定时器的设置

定时器的设置如图 2-54 所示。设置完成后单击“确认”按钮，保存。

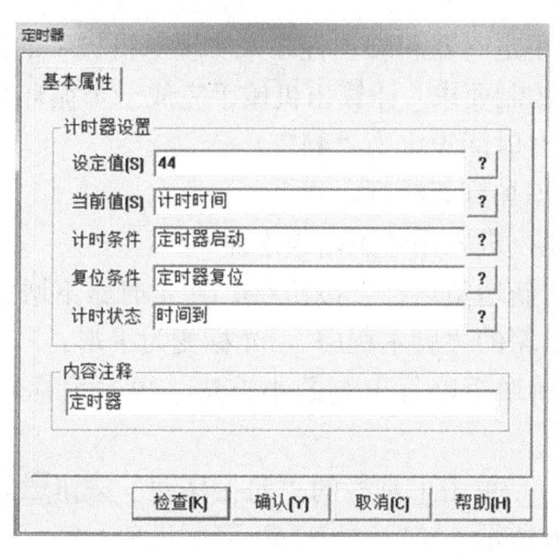

图 2-54　设置定时器

2.4.3 创建脚本程序

采用前文所述的方法添加脚本程序（与添加定时器构件类似，但要在“策略工具箱”选中“脚本程序”），其结果如图 2-55 所示。双击“脚本程序”图标，便可编写脚本程序了。

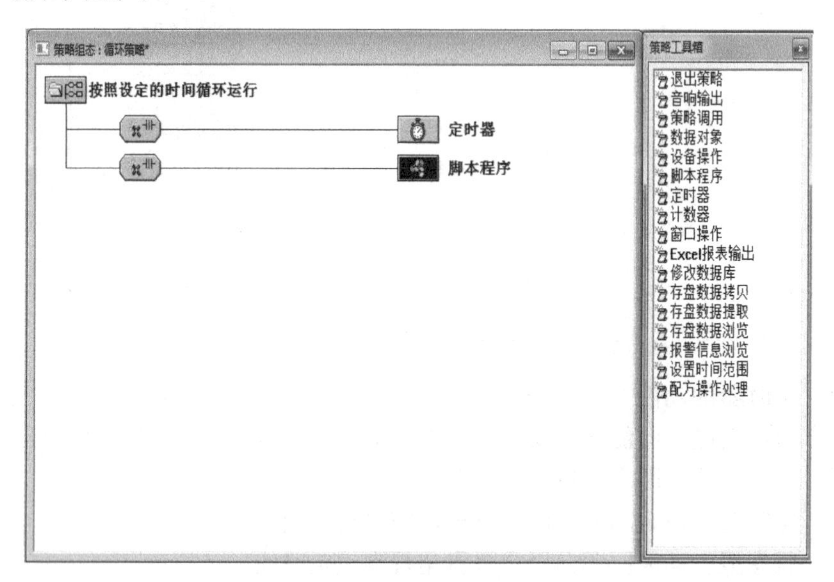

图 2-55 创建脚本程序

任务 5 设置脚本程序

在这里，我们利用定时器和脚本程序来实现对机械手的控制。

（1）根据机械手控制要求，计算出机械手完成一个循环回到初始位置需 44s，因此首先将定时器定时时间设定为“44”。

（2）将脚本程序添加到策略行。

① 回到组态环境，进入循环策略组态窗口。

② 单击工具栏“新增策略行”按钮，在定时器下增加一行新策略。

③ 选中策略工具箱的“脚本程序”，光标变为手形。

④ 移动光标至新增策略行末端的小方块，单击鼠标，脚本程序被加到该策略行。

⑤ 选中该策略行。单击工具栏的“向上移动”按钮，脚本程序上移至定时器行上，如图 2-56 所示。

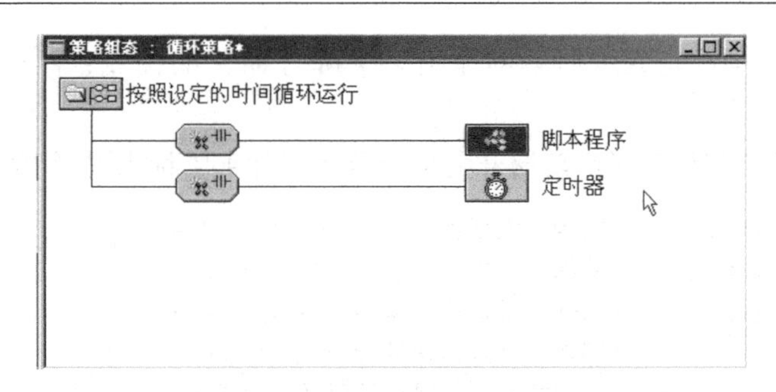

图 2-56　增加脚本程序策略

⑥ 双击“脚本程序”策略行末端的方块，出现脚本程序编辑窗口，如图 2-57 所示。

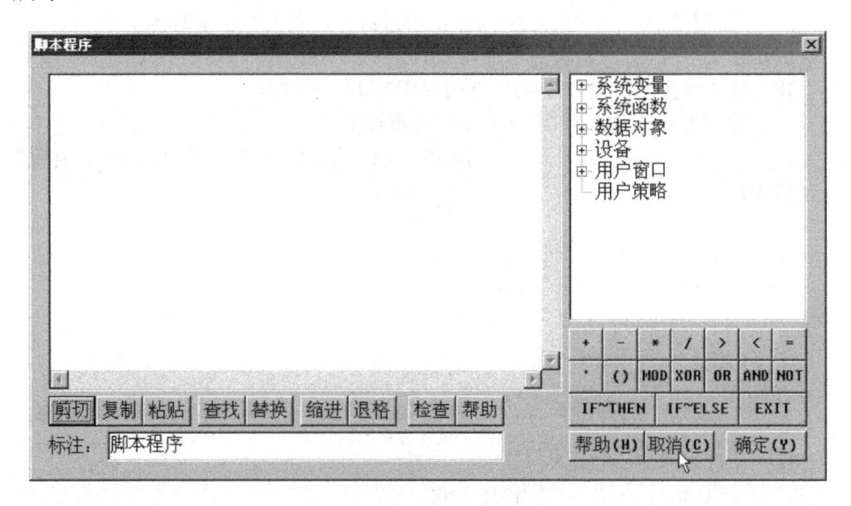

图 2-57　脚本程序编辑环境

（3）脚本程序编辑注意事项：

① 要按照 MCGS 的语法规范编写程序，否则语法检查通不过。

② 可以利用提供的各种功能按钮（如剪切、复制、粘贴等）。

③ 可以利用脚本语言和表达式列表（如 IF…THEN、+、-等）。

④ 可以利用操作对象和函数列表（如系统函数、数据对象等）。

⑤ >（大于）、<（小于）、=（等于）、'（单引号）等符号应在纯英文或“英文标点”状态下输入。

⑥ 注释以单引号开始。

（4）机械手控制脚本程序清单。机械手程序分定时器控制、运行控制和停止控制三部分。定时器控制程序完成启动按钮和复位按钮对定时器的控制；运行控制程序完成定时器对上升、下降等动作的控制；停止程序完成停止处理。

（5）参考控制程序（可新增开关型变量“工件夹紧标志”，初值为0）：

```
IF 左移信号 =1 THEN  水平移动量 = 水平移动量 +1
IF 右移信号 =1 THEN  水平移动量 = 水平移动量 -1
IF 下移信号 =1 THEN  垂直移动量 = 垂直移动量 +1
IF 上移信号 =1 THEN  垂直移动量 = 垂直移动量 -1
IF 启动停止按钮=1  AND 复位停止按钮=0  THEN
    定时器复位=0
    定时器启动=1 '如果启动/停止按钮按下、复位停止按钮松开，则启动定时器工作
ENDIF
IF  启动停止按钮=0  THEN
     定时器启动=0 '只要启动/停止按钮松开，立刻停止定时器工作
ENDIF
IF  复位停止按钮=1  AND  计时时间>=44  THEN
    定时器启动=0  '如果复位停止按钮按下
                  '只有当计时时间>=44s，即回到初始位置时，才停止定时器工作
ENDIF

IF    定时器启动=1  THEN
        IF 计时时间<5  THEN
        下移信号=1      '下移 5s
    EXIT
 ENDIF

IF  计时时间<7  THEN
     下移信号=0          '停止下移
     夹紧信号=1          '夹紧 2s
     工件夹紧标志 =1     '处于夹紧状态
    EXIT
ENDIF

IF 计时时间<12  THEN
    上移信号=1          '上移 5s
    EXIT
ENDIF

IF 计时时间<22  THEN
    上移信号=0          '停止上移
    左移信号=1          '左移 10s
EXIT
ENDIF
```

```
IF 计时时间<27   THEN
     左移信号=0                    '停止左移
     下移信号=1                    '下移 5s
EXIT
ENDIF

IF 计时时间<29   THEN
     下移信号=0                    '停止下移
     夹紧信号=0                    '停止夹紧
     放松信号=1                    '放松 2s
     工件夹紧标志 = 0              '处于放松状态
EXIT
ENDIF

IF 计时时间 < 34   THEN
     放松信号=0                    '撤除放松信号
     上移信号=1                    '上移 5s
EXIT
ENDIF
IF 计时时间 < 44   THEN
     上移信号=0                    '停止上移
     右移信号=1                    '右移 10s
EXIT
ENDIF
IF 计时时间>=44   THEN
     右移信号 = 0                  '停止右移
    定时器复位=1
    水平移动量 = 0
    垂直移动量 = 0                 '定时器复位，准备重新开始计时
    EXIT
 ENDIF
ENDIF
IF 定时器启动=0   THEN
    下移信号=0
    上移信号=0
    左移信号=0
    右移信号=0
ENDIF
```

读者可以根据机械手监控系统的控制要求自己编写脚本程序，也可以在参考以上脚本程序的基础上，修改和完善控制程序。

任务 6　软、硬件联调

2.6.1　电路连接

（1）断开所有电源。

（2）按图 2-58 所示连接按钮和接线端子板 PS-037。

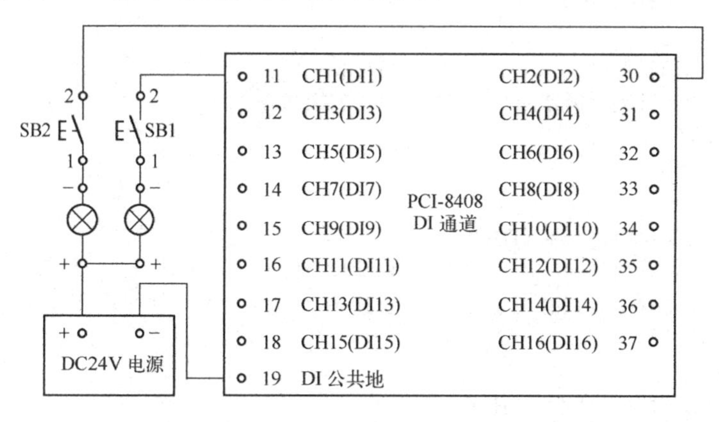

图 2-58　按钮 SB1、SB2 与 PS-037（PCI-8408）接线图

（3）按图 2-59 所示连接电磁阀和接线端子板 PS-037。

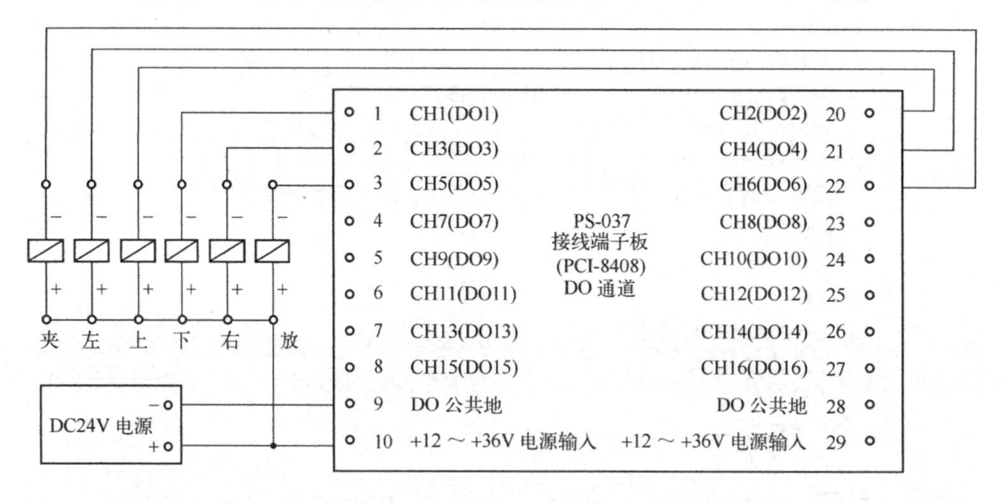

图 2-59　电磁阀与 PS-037（PCI-8408）DO 通道的连接

（4）如果机械手装置上已集成了按钮和电磁阀，只将端子留出，可按图 2-60 所示连接。

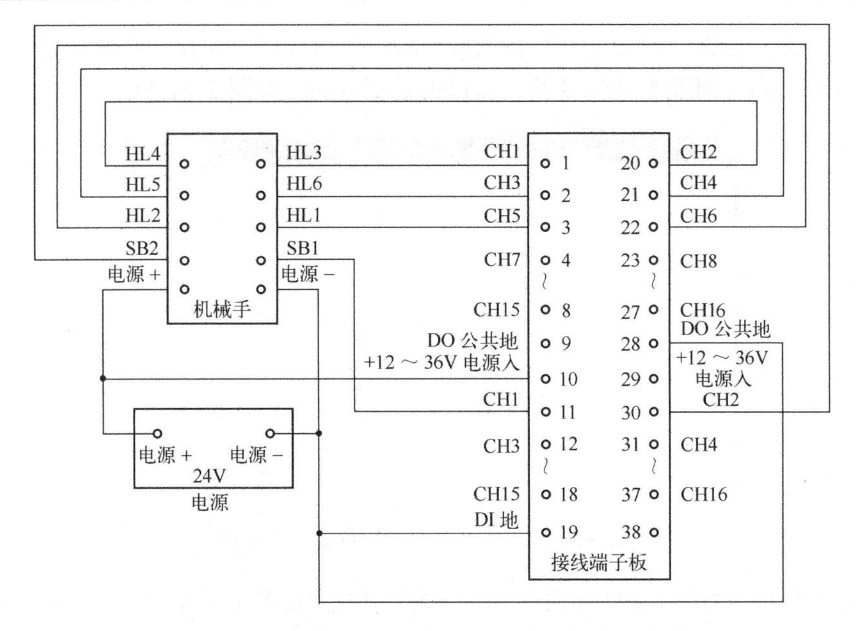

图 2-60　已集成好的机械手与接线端子板的连接

（5）用 37 芯 D 型电缆将接线端子板和计算机内的 PCI-8408 连接起来。

（6）接线检查。

2.6.2　在 MCGS 中进行 PCI-8408 板卡设备的连接与配置

连接过程包括添加设备、设置设备属性、调试设备三部分。

1．添加设备

（1）单击工作台中的“设备窗口”选项卡，进入“设备窗口”页，如图 2-61 所示。

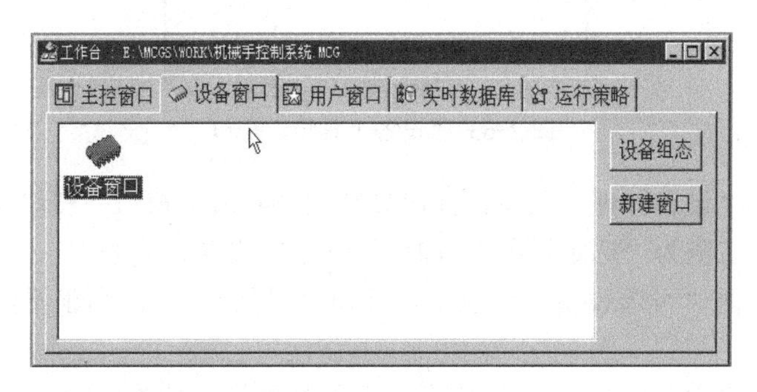

图 2-61　设备窗口

（2）单击右侧“设备组态”按钮或双击“设备窗口”图标，弹出设备组态窗口。如果之前没有装入任何设备，窗口内是空白的，如图 2-62 所示。

图 2-62　没装入任何设备的设备组态窗口

（3）单击工具条上的“工具箱”图标，弹出“设备工具箱”窗口，如图 2-63 所示，工具箱中列出了已选定的设备列表。

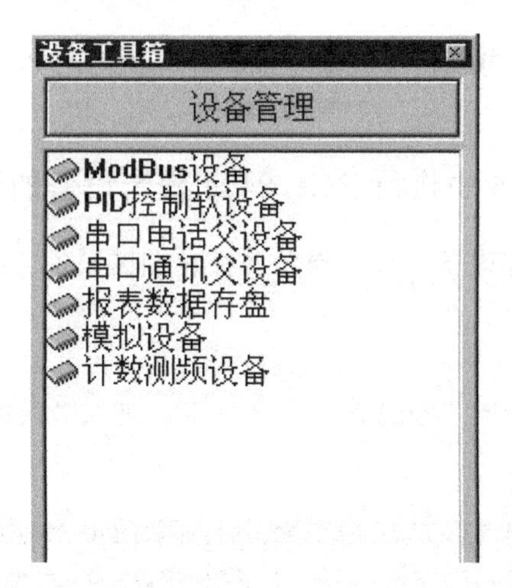

图 2-63　“设备工具箱”窗口

（4）单击“设备管理”按钮，弹出如图 2-64 所示窗口，窗口左侧为“可选设备”列表，右侧为“选定设备”（即已经选定的设备）列表。

（5）在左侧“可选设备”列表中，双击“采集板卡”，弹出不同厂家的板卡列表。

（6）双击“中泰板卡”，弹出中泰板卡不同型号产品的列表。

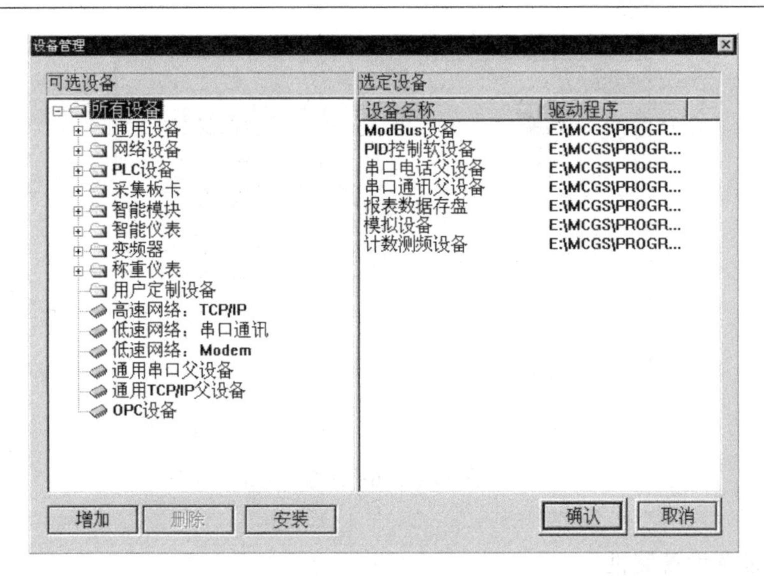

图 2-64　“设备管理”窗口

（7）双击“PCI-8408”，弹出两个可选项：文件夹“PCI8408.files”和图标“中泰 PCI-8408”，如图 2-65 所示。

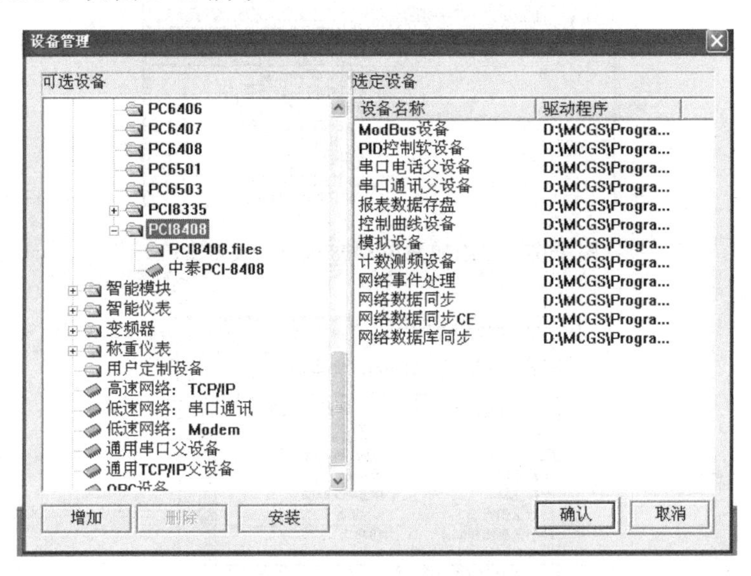

图 2-65　可选设备列表中的中泰 PCI-8408 板卡

（8）双击图标 中泰PCI-8408，右侧“选定设备”列表中出现“ 中泰PCI-8408 ”，如图 2-66 所示。

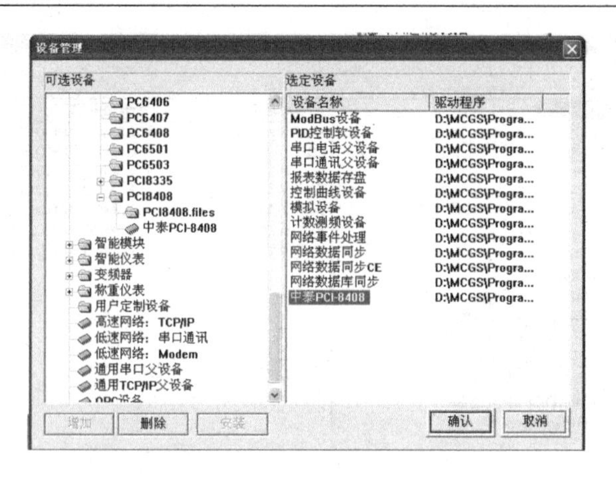

图 2-66　中泰 PCI-8408 成为“选定设备”

2．设置设备属性

（1）双击图 2-67 所示界面左侧“设备窗口”的“设备 0-[中泰 PCI-8408]”，进入“设备属性设置”窗口，如图 2-68 所示，按照图 2-68 所示进行基本属性设置。

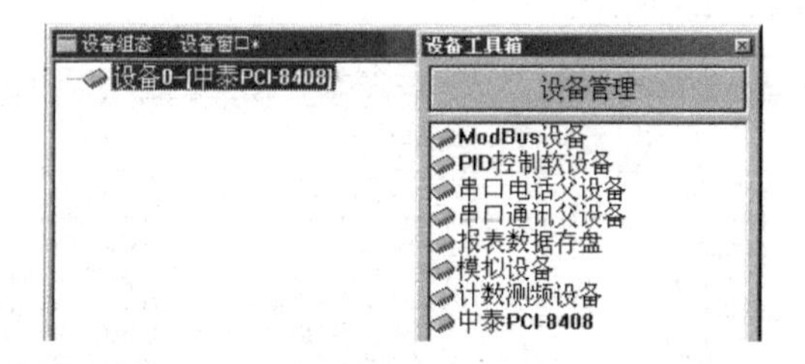

图 2-67　已添加 PCI-8408 板卡的设备窗口

设备属性名	设备属性值
[内部属性]	设置设备内部属性
[在线帮助]	查看设备在线帮助
设备名称	设备0
设备注释	中泰PCI-8408
初始工作状态	1 - 启动
最小采集周期(ms)	1000
板卡索引号（十六进制）	0

图 2-68　“设备属性设置”窗口

（2）单击“通道连接”选项卡，进入“通道连接”设置页，如图 2-69 所示。按表 2-5 所示的 I/O 分配表进行通道连接。

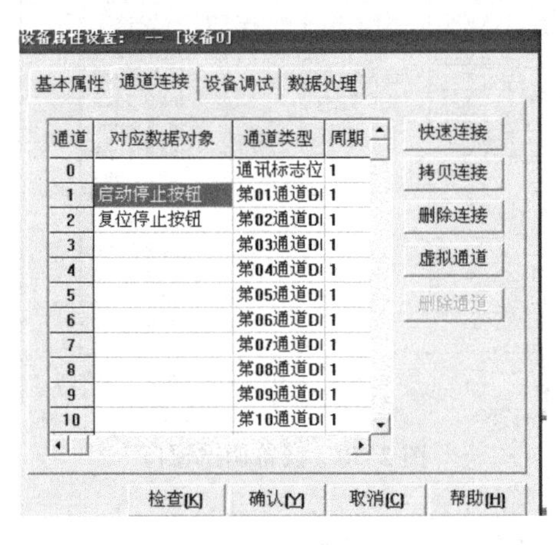

图 2-69　通道连接设置

表 2-5　机械手监控系统 I/O 分配表

序号	名称	功能	性质	特 征
1	SB1	启动停止按钮	CH1(DI1)	常开，带自锁，带灯
2	SB2	复位停止按钮	CH2(DI2)	常开，带自锁，带灯
3	YV1-1	放松信号	CH5(DO5)	工作电压 DC24V，1.5W，高电平动作
4	YV1-2	夹紧信号	CH6(DO6)	工作电压 DC24V，1.5W，高电平动作
5	YV2-1	下移信号	CH1(DO1)	工作电压 DC24V，1.5W，高电平动作
6	YV2-2	上移信号	CH2(DO2)	工作电压 DC24V，1.5W，高电平动作
7	YV3-1	左移信号	CH4(DO4)	工作电压 DC24V，1.5W，高电平动作
8	YV3-2	右移信号	CH3(DO3)	工作电压 DC24V，1.5W，高电平动作

3．调试设备

（1）检查无误后，接通机械手电源。

（2）单击“设备调试”选项卡，进入“设备调试”页，如图 2-70 所示。

（3）拨动机械手上的 SB1 和 SB2 按钮，应能看到窗口中“启动停止按钮”和“复位停止按钮”的“通道值”中的数据相应变化，表明输入通道连接成功。

（4）在窗口中改变“下移信号”的值，可以看到机械手的相应动作，表明输出通道连接成功。依次检查所有输出通道。

（5）单击“确认”按钮，关闭“设备属性设置”窗口。

图 2-70　设备调试窗口

2.6.3　系统软、硬件联合调试

（1）进入运行环境。

（2）按下启动按钮，观察监控画面中启动按钮对应的灯是否点亮。如不亮，查找原因，设法解决。

（3）观察监控画面各指示灯显示情况与机械手上各个电磁阀的动作情况。如果与设计不符，查找原因并设法解决。

（4）观察机械手动作与监控画面中移动和缩放效果是否一致。如果不一致，调整移动和缩放参数，直至一致。

（5）松开启动按钮，观察动作是否停止。如果不能，查找原因并解决。

（6）按下启动按钮，观察动作是否继续运行。如果不能，查找原因并解决。

（7）按下复位按钮，观察是否等机械手运行到原点后停止。如果不能，查找原因并解决。

（8）按下启动按钮，观察是否不能启动。如果能，查找原因并解决。

（9）松开复位按钮，再按下启动按钮，观察是否能启动。如果不能，查找原因并解决。

项目小结

任务描述：

利用 IPC 控制一个机械手的上升、下降、左移、右移、夹紧、放松动作，要求机械手能按照要求的顺序动作，并在计算机上动态显示其动作情况，实现步骤如下。

（1）教师提出任务，学生在教师指导下在实训室按步骤逐步完成以下工作：

① 讨论并确定方案，画系统方框图。

② 进行硬件选型。

③ 根据选择硬件情况修改、完善系统方框图，画出电路原理图。

④ 在 MCGS 组态软件开发环境下进行软件设计。

⑤ 在 MCGS 组态软件运行环境下进行调试直至成功。

⑥ 根据电路原理图连接电路，进行软、硬件联调直至成功。

（2）教师给出作业，学生在课余时间利用计算机独立完成以下工作：

① 讨论并确定方案，画系统方框图。

② 进行软、硬件选型。

③ 根据硬件选型情况修改、完善系统方框图，画出电路原理图。

④ 在 MCGS 组态软件开发环境下进行软件设计。

⑤ 在 MCGS 组态软件运行环境下进行调试直至成功。

（3）作业展示与点评：

知识目标	技能目标
① 计算机控制和自动控制的相关知识： ➢ 机械手的结构、气缸、气动电磁阀的知识。 ➢ IPC 的知识。 ➢ 三相异步电动机正、反转控制的知识。 ② I/O 接口设备的知识： ➢ 计算机监控系统使用的 I/O 设备的作用与分类。 ➢ I/O 板卡的作用与特征。 ➢ 常用 I/O 板卡的分类。 ➢ 市场主流 I/O 板卡品牌。 ➢ 中泰 PCI-8408 板卡的功能。 ➢ 中泰 PCI-8408 板卡的接线端子定义。 ➢ 中泰 PS-037 接线端子板的功能。 ③ 组态软件的知识： ➢ “组态环境”、“运行环境”的功能。 ➢ 工作台的功能与调用方法。 ➢ 实时数据库窗口的功能。 ➢ 系统内建变量和用户变量的含义。	① 能读懂机械手气路图。 ② 能读懂机械手监控系统方框图。 ③ 能利用 IPC 和 I/O 板卡进行简单开关量监控系统的方案设计。 ④ 能读懂使用 PCI-8408 板卡的机械手监控系统电路图。 ⑤ 能设计使用 PCI-8408 板卡作为 I/O 接口设备的电路。 ⑥ 能使用 MCGS 进行监控程序设计、制作与调试。 ➢ 会进入组态环境并新建和存储工程，会打开一个已经存在的工程。 ➢ 会使用工作台进入不同的组态窗口。 ➢ 会根据变量分配表在 MCGS 中建立开关型变量和数值型变量；正确设置变量的类型和初值。 ➢ 会新建用户窗口、定义窗口名称、将窗口设置为启动窗口并最大化显示。

（续）

知识目标	技能目标
➢ 开关型变量和数值型变量的含义。 ➢ “用户窗口”的功能，最大化显示和启动窗口的含义。 ➢ 绘图工具箱、对象元件库的功能。 ➢ 编辑条的功能。 ➢ 动画连接的功能。 ➢ 操作属性动画连接——数据对象值操作——取反的含义。 ➢ 可见度动画连接的含义。 ➢ 显示输出动画连接——数值量输出的含义。 ➢ 运行策略窗口的功能。 ➢ 启动策略、退出策略、循环策略的含义。 ➢ MCGS 中定时器的功能。 ➢ MCGS 脚本程序语法规则。 ➢ 水平移动、垂直移动、大小变化动画连接的含义；移动速度和缩放速度的设置方法。 ➢ 设备窗口的功能。 ➢ 设备工具箱的功能。 ➢ “选定设备”和“可选设备”的含义。 ➢ 采集板卡设备的含义。 ➢ 设备属性设置窗口中基本属性页的功能。 ➢ 设备属性设置窗口中通道连接页的功能。 ➢ 设备属性设置窗口中设备调试页的功能。	➢ 会根据监控要求绘制文字、直线、矩形、按钮、机械手、直管道、指示灯，并能够修改内容、大小、颜色、位置、方向角度等。 ➢ 能利用编辑条对多个图形元素进行对齐操作。 ➢ 能对制作的按钮进行操作属性——取反操作动画连接。 ➢ 能对文字对象进行显示输出——数值量输出动画连接。 ➢ 能对指示灯进行可见度动画连接。 ➢ 会进入运行环境进行调试，测试动画连接是否成功。 ➢ 能正确设置循环策略的循环时间间隔。 ➢ 能在循环策略中添加定时器，并对其属性进行正确设置。 ➢ 能正确理解定时器性质并正确使用。 ➢ 能在循环策略中添加一个脚本程序，并编辑程序。 ➢ 能读懂机械手系统脚本程序。 ➢ 会使用分段试用方法进行程序编辑与调试。 ➢ 会对图形对象进行水平移动、垂直移动、大小变化动画连接并调试成功。 ⑦ 能进行系统软硬件联调。

项目 3　液体混合搅拌监控系统

学习目标

- 熟悉用 MCGS 软件建立液体混合搅拌监控系统的整个过程。
- 掌握简单界面设计，完成动画连接及脚本程序编写。
- 学会用 MCGS 软件、PLC 联合调试液体混合搅拌监控系统。

任务 1　控制要求与方案设计

在炼油、化工和制药等行业中，多种液体混合是必不可少的工序，而且也是其生产过程十分重要的组成部分，但由于这些行业中有很多易燃、易爆或有毒、有腐蚀性的介质，以致于现场工作环境十分恶劣，不适合人工现场操作。另外，生产要求搅拌系统要具有混合精确、控制可靠等特点，这也是人工操作和半自动化控制难以实现的，所以为了帮助相关行业生产进行，特别是帮助其中的中小型企业实现多种液体混合的自动控制，液体混合自动配料是势必攻克的一大难题。

3.1.1　控制要求

某液体混合控制系统有 3 个进料阀 YV1、YV2、YV3；1 个出料阀 YV4；1 个搅拌电机 M；1 个加热器 H；1 个温度传感器 T；以及 3 个水位传感器 L1、L2、L3。要求用 MCGS 组态软件和 PLC 进行整体设计。

本系统要求实现以下控制要求：

1）初始状态

容器是空的，各个阀门（YVl、YV2、YV3、YV4）、水位传感器（L1、L2、L3）、温度传感器 T、电机 M，以及加热器 H 的状态均为 OFF。

2）启动操作

按下启动按钮 SB0，开始下列操作：

① YV1=ON，液体 A 注入容器。当液面达到 L3 位置时，使 YV1=OFF，YV2=ON，即关闭 YV1 阀门，打开液体 B 的阀门 YV2。

② 当液面达到 L2 位置时，使 YV2=OFF，YV3=ON，即关闭 YV2 阀门，打开液体 C 的阀门 YV3。

③ 当液面达到 L1 位置时，YV3=OFF，M=ON，即关闭阀门 YV3，搅拌机 M 启动，开始搅拌。

④ 经 10s 搅拌后，M=OFF，停止搅动，H=ON，加热器开始加热。

⑤ 当混合液温度达到某一指定值时，T=ON，H=OFF，停止加热，使电磁阀 YV4=ON，开始放出混合液体。

⑥ 液面低于 L3 位置时，L3 从 ON 变为 OFF，再经过 10s，容器放空，使 YV4=OFF，开始下一循环。

3）停止操作

按下停止按钮 SB1，无论处于什么状态均停止当前工作。

3.1.2 方案设计

整个设计过程按实际工艺流程设计，为设备安装、运行和保护检修服务。系统在保证安全、可靠、稳定、快速的前提下，尽量做到经济、合理、适用，减小设备成本。在方案的选择、元器件的选型时更多考虑新技术、新产品。系统的可靠性要高，人机交互界面友好，应具备数据储存和分析汇总的能力。系统利用 MCGS 在上位机建立运行画面，实现对下位机的监控，下位机则利用 PLC 编程对执行元件直接控制，整体结构如图 3-1 所示。

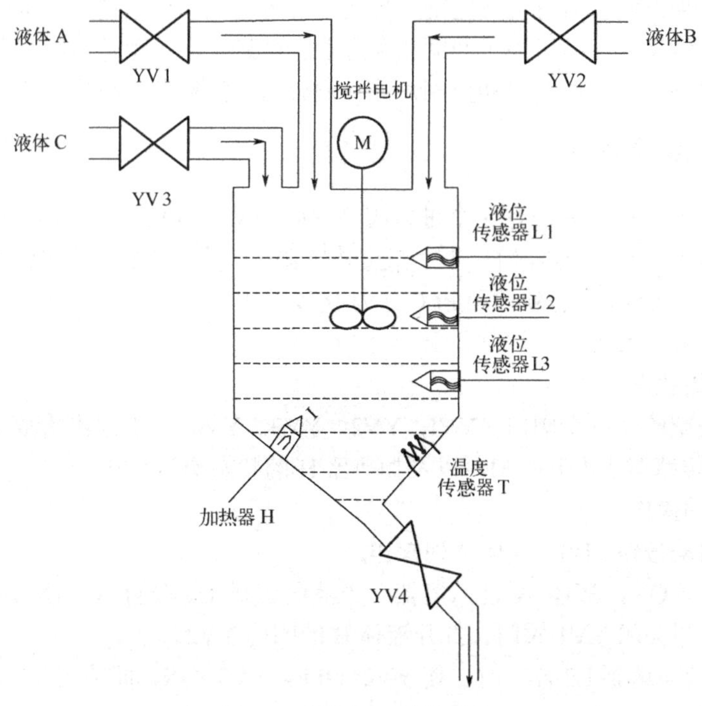

图 3-1　液体混合搅拌系统

任务 2　硬件电路设计

液体混合搅拌系统主要完成三种液体的自动混合搅拌并控制液体的温度，系统结构如图 3-1 所示。

该系统需要控制的元器件有：

- 水位传感器（L1、L2、L3），液面淹没相应传感器的检测点时，其状态为 ON。
- 电磁阀（YV1、YV2、YV3、YV4）。
- 搅拌电机 M。
- 温度传感器 T。
- 加热器 H。

所有这些元器件的控制都属于开关量控制，可以通过引线与相应的控制系统连接从而达到控制效果。

3.2.1　系统硬件结构

1. 水位传感器的选择

选用 LLE 系列光电水位传感器，如图 3-2 所示，其工作原理为根据传感器内部光的反射进行检测，传感器前端的半球顶内有发光二极管和光接收三极管，当没有液体时，光线通过球顶反射到光接收三极管，当有液体时，光线在球顶内部发生部分折射，射出球体，引起光接收三极管输出量的变化。该传感器具有开关量输出、可安装在空间狭小的位置、方便安装等特点。

2. 温度传感器的选择

选用 KTY81-210A 型温度传感器，如图 3-3 所示。其中“T”表示温度。KTY 系列温度传感器是具有正温度系数的热敏电阻温度传感器。采用进口 Philips 硅电阻元件制作而成，具有精度高、稳定性好、可靠性强、产品寿命长等优点，适用于在小管道或其他狭小空间内进行高精度温度测量，可以对工业现场的温度进行连续测量与控制。

元器件主要技术参数如下：

（1）测量温度范围：-50℃～150℃。

（2）温度系数：0.79%/K。

（3）精度等级：0.5%。

（4）常温电阻：2kΩ。

图 3-2　水位传感器外观

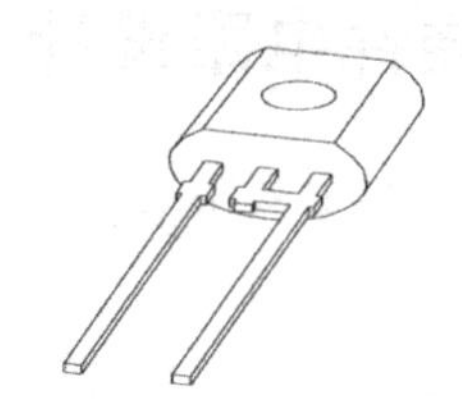

图 3-3　温度传感器外观示意图

3．电磁阀的选择

选用 ZCW 型电磁阀，如图 3-4 所示。ZCW 电磁阀广泛用于各行各业，其主要技术参数如下（本项目中电磁阀额定电压选择 DC24V）。

图 3-4　电磁阀外观

直动活塞型阀体材质：黄铜、304 不锈钢。

接口尺寸：管螺纹 G1/4″（1 分）。

流量通径（直径）：1～8mm。

控制方式：常闭式。

工作压力：B10 级，0～10Bar。

流体范围：气、水、油、蒸气、制冷剂、腐蚀性流体。

流体温度：-200～200℃。

环境温度：-5～40℃。

标准电压：AC220V、DC24V

功率消耗：8VA（AC）、8W（DC）。

防护等级：IP65。

防护性能：防水、防爆、防腐。

3.2.2 PLC 的选择

在本控制系统中，所需的开关量输入和输出各为 6 点，考虑到系统的可扩展性和维修的方便性，选择模块式 PLC。由于本系统的控制是顺序控制，选用日本欧姆龙公司生产的 CPM2AH PLC 作为控制单元来控制整个系统，如图 3-5 所示。之所以选择这种 PLC，主要考虑 CPM2AH 系列 PLC 是欧姆龙公司生产的小型整体式可编程控制器，其结构紧凑、功能强，具有很高的性能价格比，在小规模控制中已获广泛应用。

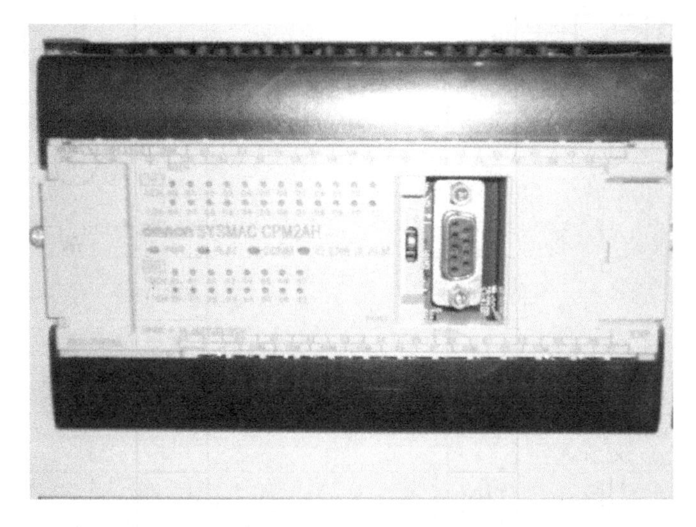

图 3-5　CPM2AH PLC

3.2.3 PLC 的 I/O 分配表设计

I/O 地址分配见表 3-1。

表 3-1　液体混合装置输入/输出地址分配

输入点地址	功　能	输出点地址	功　能
00000	SB0 启动按钮	01000	电磁阀 YV1
00001	L1 水位传感器	01001	电磁阀 YV2
00002	L2 水位传感器	01002	电磁阀 YV3
00003	L3 水位传感器	01003	电磁阀 YV4
00004	T 温度传感器	01004	搅拌电机 M
00005	SB1 停止按钮	01005	加热器 H

3.2.4　PLC 外部接线图的设计

PLC 外部接线图如图 3-6 所示。

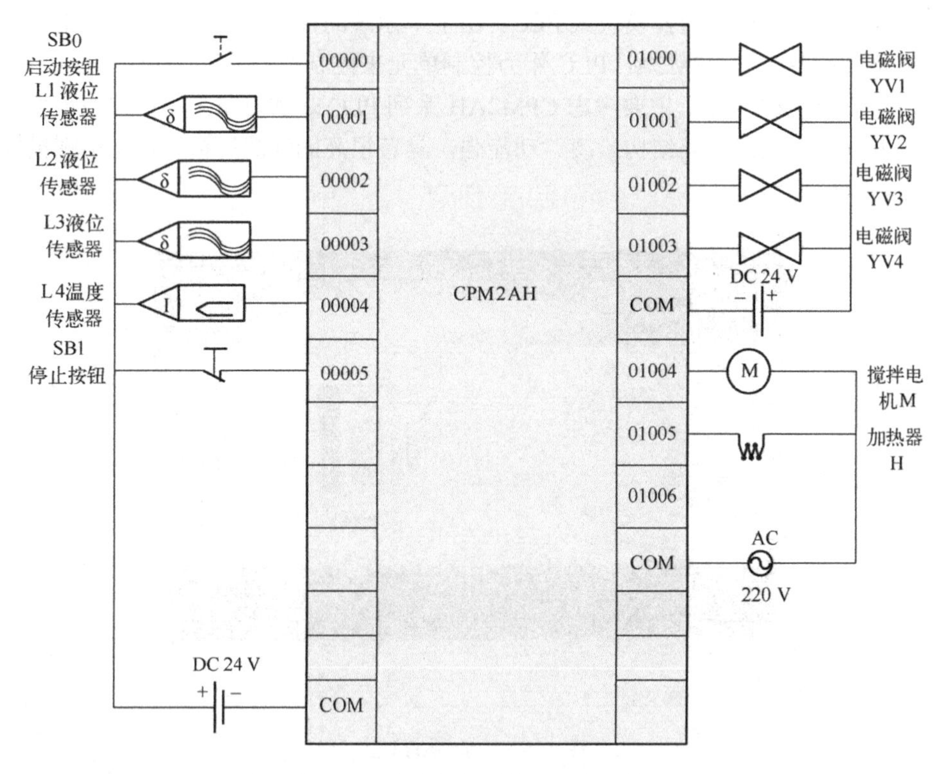

图 3-6　液体混合系统外部接线图

任务 3　液体混合搅拌监控系统设计

液体混合搅拌监控系统选用 MCGS 组态软件，在上位机中主要完成工程画面的制作、脚本程序的编写以及系统的模拟仿真运行和调试。

3.3.1　创建工程

可以参考项目 2 的步骤建立工程。

3.3.2　定义数据对象

1．分配数据对象

分配数据对象（即定义数据对象）前需要对系统进行分析，确定需要的数据对象。本系统至少有 8 个数据对象，见表 3-2。

表 3-2 数据对象分配表

对象名称	类　型	注　释
启动	开关型	SB0 启动按钮
停止	开关型	SB1 停止按钮
液面传感器 L1	开关型	水位传感器 L1
液面传感器 L2	开关型	水位传感器 L2
液面传感器 L3	开关型	水位传感器 L3
温度传感器	开关型	温度传感器 T
YV1	开关型	上料阀 YV1
YV2	开关型	上料阀 YV2
YV3	开关型	上料阀 YV3
YV4	开关型	放料阀 YV4
搅拌电机 M	开关型	搅拌电机 M
加热器 H	开关型	加热器 H

2．定义数据对象步骤

（1）单击工作台中的“实时数据库”窗口标签，进入实时数据库窗口页，窗口中列出了系统内部已建立的数据对象的名称。单击工作台右侧“新增对象”按钮，在窗口的数据对象列表中，增加新的数据对象。

（2）选中对象，单击右侧“对象属性”按钮，或双击对象，则打开“数据对象属性设置”窗口，如图 3-7 所示。

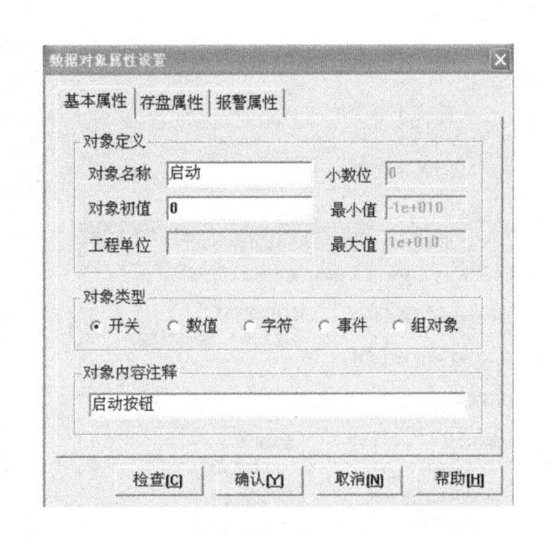

图 3-7 “数据对象属性设置”窗口

（3）将对象名称改为“启动”；对象类型选择“开关”型；在对象内容注释输入框内输入“启动按钮”，单击“确认”。

按照上述步骤，根据表 3-2，设置其他数据对象。

3.3.3 制作工程画面

1. 建立画面

（1）在“用户窗口”中单击“新建窗口”按钮，建立“窗口 0”。

（2）选中“窗口 0”，单击“窗口属性”按钮，弹出“用户窗口属性设置”窗口，如图 3-8 所示。

（3）将“基本属性”页的“窗口名称”改为“液体混合搅拌”；“窗口标题”改为“液体混合搅拌”；“窗口位置”选中“最大化显示”，其他不变，单击“确认”按钮，关闭窗口。

（4）在“用户窗口”中，“窗口 0”图标已变为“液体混合搅拌”。选中“液体混合搅拌”，单击右键，选择下拉菜单中的“设置为启动窗口”选项，将该窗口设置为运行时自动加载的窗口，则当 MCGS 运行时，将自动加载该窗口。

（5）单击“存盘”按钮。

2. 编辑画面

（1）进入编辑画面环境：

① 在“用户窗口”中，选中“液体混合搅拌系统”窗口图标，单击右侧“动画组态”按钮，进入动画组态窗口，如图 3-9 所示，开始编辑画面。

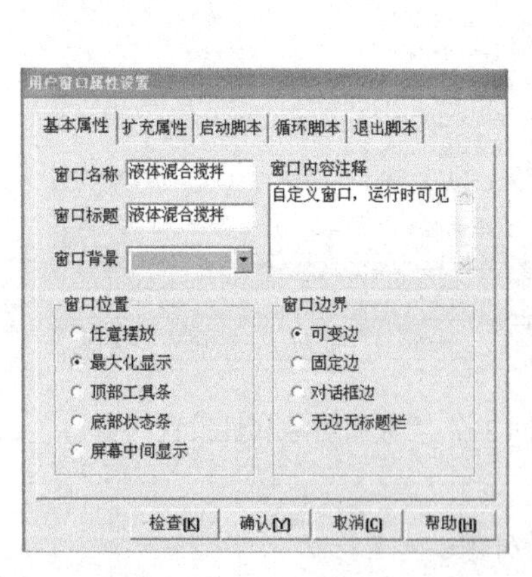

图 3-8 设置用户窗口的属性

图 3-9 编辑画面环境

② 单击工具条中的“工具箱”按钮，打开绘图工具箱，如图 3-9 所示。

（2）制作文字框图：

① 单击“工具箱”内的“标签”按钮，鼠标的光标变成“十”字形，在窗口顶端中心位置拖曳鼠标，根据需要拉出一个一定大小的矩形。

② 在光标闪烁位置输入文字“液体混合搅拌系统”，按“Enter”键或在窗口任意位置用鼠标单击一下，文字输入完毕，如图 3-10 所示。

图 3-10　输入和编辑文字

③ 如果文字输错了或者对输入文字的字形、字号、颜色、位置等不满意，可参考本书项目 2 相关内容进行相应的操作。

（3）制作物料罐：

① 单击绘图工具箱中的“插入元件”图标，弹出“对象元件库管理”对话框。

② 单击窗口左侧“对象元件列表”中的“储藏罐”，右侧窗口出现如图 3-11 所示的储藏罐图形。

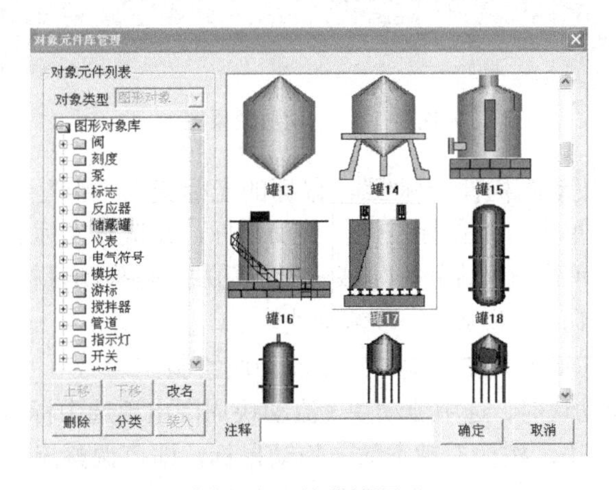

图 3-11　储藏罐图形

③ 单击右侧窗口内的“罐 17”，图像外围出现矩形，表明该图形被选中，单击“确定”按钮。

④ 将储藏罐调整为适当大小，放到适当位置。

⑤ 在储藏罐上面输入文字标签“物料罐”，单击工具栏“存盘”按钮。

（4）制作电磁阀：单击“插入元件”图标，选择“阀”元件库中的“阀 52”和“阀 53”，将大小和位置调整好。

（5）利用工具箱内的流动块动画构件图标，在电磁阀 YV1、YV2、YV3、YV4 和物料罐之间画流动块，如图 3-12 所示。

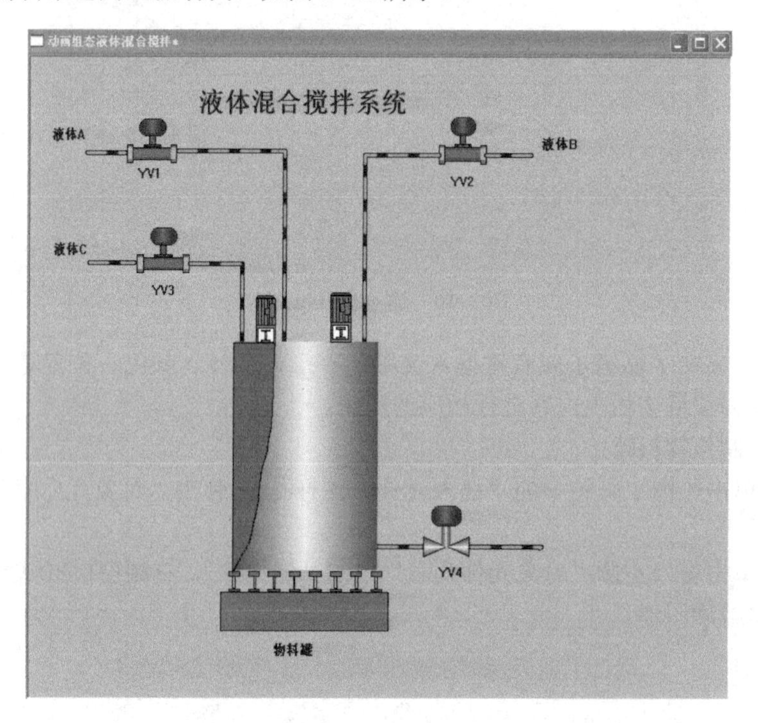

图 3-12　流动块效果图

① 单击流动块动画构件图标，鼠标的光标变成“十”字形，移动鼠标至窗口的预定位置，单击一下鼠标左键，移动鼠标，在鼠标光标后形成一道虚线，拖动一定距离后，单击鼠标左键，生成一段流动块。再拖动鼠标（可沿原来方向，也可垂直于原来方向），生成下一段流动块。

② 双击鼠标左键或按 Esc 键，结束流动块绘制。

③ 要修改流动块时，选中流动块（流动块周围出现选中标志：白色小方块），鼠标指针指向小方块，按住左键不放，拖动鼠标，即可调整流动块的形状。

④ 双击流动块，弹出流动块构件属性设置窗口，在基本属性页可更改流动

外观和流动方向。

（6）单击“工具箱”内的“标签”按钮，分别给阀、罐和液体加上文字注释。依次为： YV1、YV2、YV3、YV4、物料罐、液体 A、液体 B 和液体 C，如图 3-12 所示。

（7）选择“文件”菜单中的“保存窗口”选项，保存画面。

（8）制作搅拌电机。

① 单击绘图工具箱中的“插入元件”图标，弹出“对象元件库管理”对话框。

② 单击窗口左侧“对象元件列表”中的“搅拌器”，右侧窗口出现如图 3-13 所示的搅拌器图形。

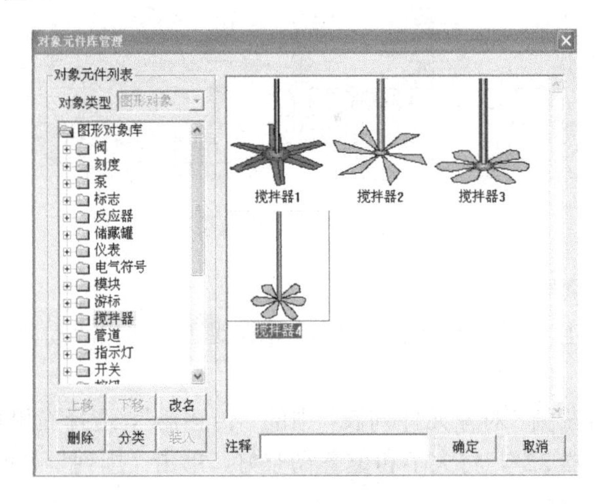

图 3-13　搅拌器图形

③ 单击右侧窗口的“搅拌器 4”，图像外围出现矩形，表明该图形被选中，单击“确定”按钮。

④ 将“搅拌器 4”调整为适当大小，放到适当位置。

⑤ 单击绘图工具箱中的“位图”图标，鼠标的光标变成“十”字形，在画面空白位置上拖曳鼠标，根据需要拉出一个一定大小的方框。

⑥ 选中该方框，单击右键，弹出下拉菜单，选择“装载位图”。

⑦ 在文件名称中输入电机图形所在路径，单击“确认”按钮。

说明： 如果事先没有画好电机图形，则要自己动手在组态界面画出该图形。

⑧ 将电机图形移动到搅拌器上方，组成搅拌电机，在电机上面输入文字标签“搅拌电机”，如图 3-14 所示。

⑨ 单击工具栏“保存”按钮。

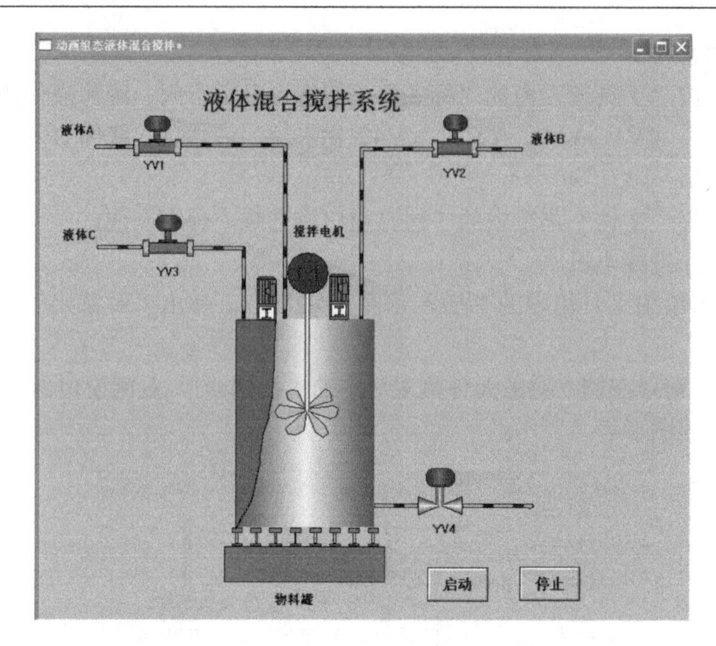

图 3-14　搅拌电机效果图

（9）制作传感器：

① 单击绘图工具箱中的“插入元件”图标，弹出“对象元件库管理”对话框。

② 单击窗口左侧“对象元件列表”中的“传感器”，选择右侧窗口出现的“传感器 4”和“传感器 22”，将大小和位置调整好，单击“排列”菜单，选择“旋转”→“右旋 90 度”命令。

③ 单击“工具箱”内的“标签”按钮，分别对液面传感器和温度传感器添加文字注释，依次为：液面传感器 L1、液面传感器 L2、液面传感器 L3 和温度传感器 T，如图 3-15 所示。

④ 单击工具栏“保存”按钮。

（10）制作加热器：

① 单击绘图工具箱中的“位图”图标，鼠标的光标变为“十”字形，在画面空白位置上拖曳鼠标，根据需要拉出一个一定大小的方框。

② 选中该方框，单击右键，弹出下拉菜单，选择“装载位图”。

③ 在文件名称中输入加热器图形所在路径，单击“确认”按钮。

说明：如果事先没有画好加热器图形，则要自己在组态界面重新编辑该图形。

④ 调节加热器图形大小和位置，在加热器下面输入文字标签“加热器 H”，

如图 3-16 所示。

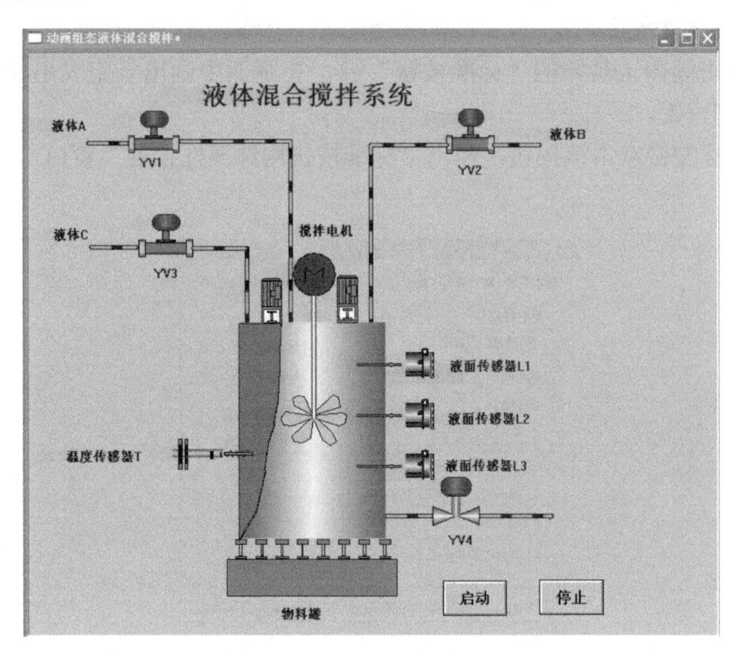

图 3-15　传感器效果图

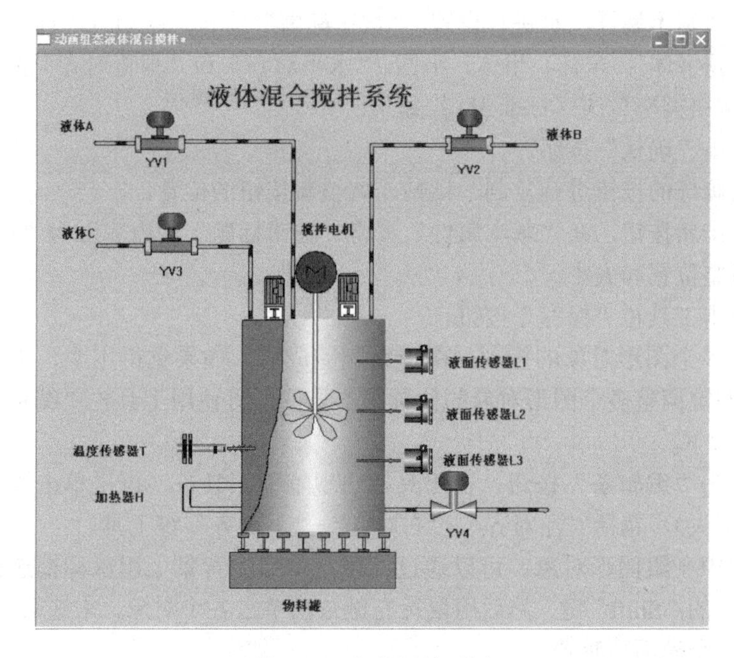

图 3-16　加热器效果图

⑤ 单击工具栏“保存”按钮。

（11）制作按钮：

① 单击画图工具箱的“标准按钮”，在画面中画出一定大小的按钮，调整其大小和位置。

② 鼠标左键双击该按钮，弹出“标准按钮构件属性设置”窗口，如图 3-17 所示。

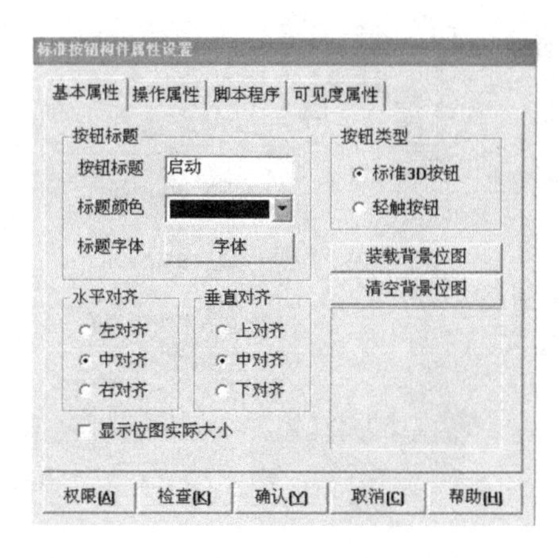

图 3-17　标准按钮构件属性设置窗口

③ 在“基本属性”页进行设置。“按钮标题”设为“启动”；“标题颜色”选黑色；“标题字体”：宋体、粗体、小四；“水平对齐”和“垂直对齐”都设为“中对齐”；“按钮类型”选“标准 3D 按钮”。

④ 单击“确认”按钮。

⑤ 对画好的按钮进行复制、粘贴，调整新按钮的位置。

⑥ 双击新按钮，在“基本属性”页将“按钮标题”的内容改为“停止”。

⑦ 调整位置和大小。

⑧ 单击工具栏“保存”按钮。

（12）多个图形对象的排列：图形绘制完成后，如果觉得用↑、↓、←、→键或鼠标左键调整多个图形对象的位置很不方便，可使用工具栏“编辑条”按钮，方法如下。

① 单击“编辑条”按钮，在工具栏出现辅助工具条（再次单击该按钮将使该工具条消失），包括“左对齐”、“右对齐”、“上对齐”等工具。

② 选中一组图形对象。可以通过在用户窗口的背景上用鼠标框选；也可以按住键盘上的“Shift”键，然后用鼠标左键依次单击各个对象，来选取一组对象。这里选中三个液面传感器。

③ 指定当前对象。当只有一个被选中的图形对象时，该对象即为当前对象。

当有多个选中的图形对象时，手柄为黑色小矩形的图形对象为当前对象。所有的对齐命令均以当前对象为基准进行操作。用鼠标单击被选中的图形对象时，可使该对象变为当前对象。

④ 执行位置调整。单击“左边界对齐”按钮、“纵向等间距”按钮，会呈现三个液面传感器的左边界对齐、纵向等间距效果。其他的调整与此类似。

最后生成的画面如图 3-18 所示。

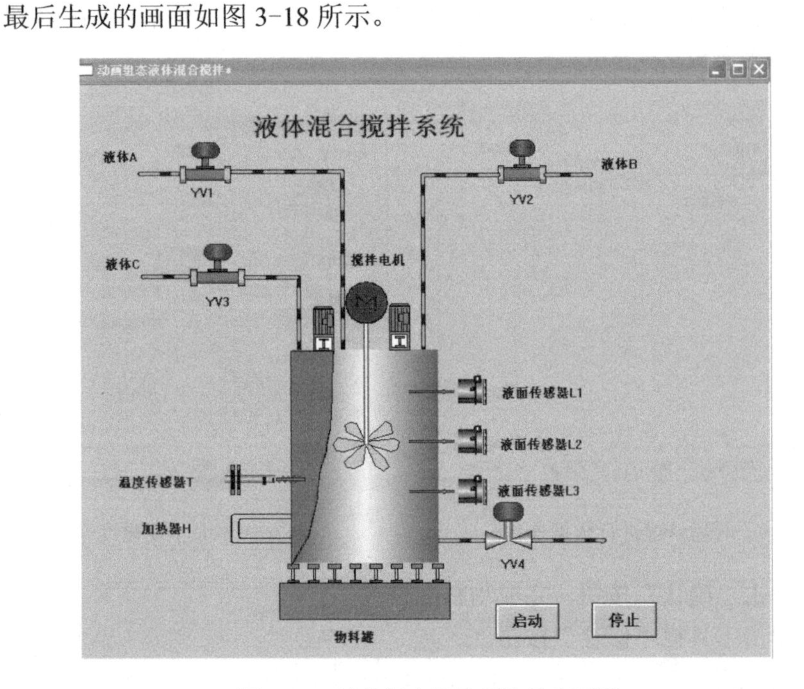

图 3-18　液体混合搅拌系统整体画面

3.3.4　动画连接

由图形对象搭建而成的图形画面是静止不动的，需要对这些图形对象进行动画设计，真实地描述外界对象的状态变化，达到过程实时监控的目的。MCGS 实现图形动画设计的主要方法是将用户窗口中图形对象与实时数据库中的数据对象建立相关性连接，并设置相应的动画属性。将画面上的对象与数据对象关联的过程叫动画连接。在系统运行过程中，图形对象的外观和状态特征由数据对象的实时采集值驱动，从而实现了图形的动画效果。例如当按下启动按钮后，电磁阀 YV1 打开，液体 A 流入物料罐。下面具体介绍各环节的动画连接。

1. 液面升降效果

注意：此处须提前增加的“物料罐水位”数据对象，数值型，初值为 0。

（1）在用户窗口中，双击物料罐，弹出“单元属性设置”窗口，单击“数据对象”标签。

（2）单击“？”按钮，选中“物料罐水位”数据对象，双击鼠标确认，数据对象连接为“物料罐水位”，如图 3-19 所示。

（3）单击“动画连接”标签，选中折线，在右端出现>。

（4）单击>进入“动画组态属性设置”窗口，在“大小变化”页按照图 3-20 所示设置各个参数。

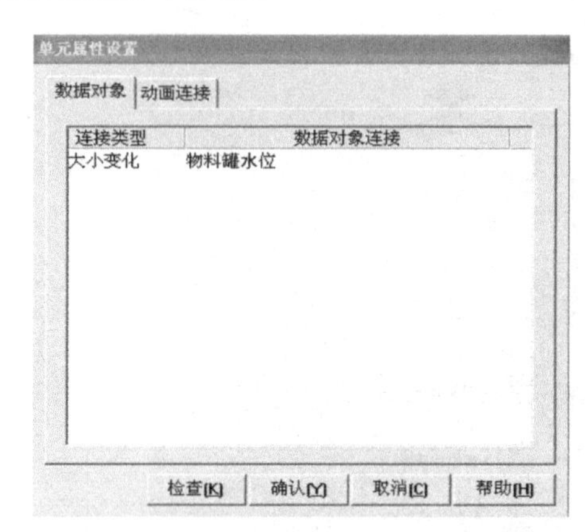

图 3-19　对物料罐进行数据连接

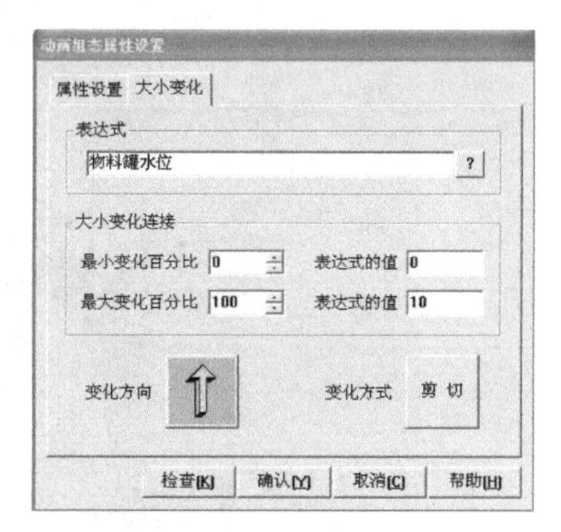

图 3-20　大小变化设置

（5）单击“确认”按钮，完成物料罐设置。

（6）单击工具栏“保存”按钮。

2．阀的启停

（1）双击电磁阀 YV1，弹出“单元属性设置”窗口，如图 3-21 所示。

（2）选中“数据对象”标签中的“按钮输入”，单击右端出现的浏览按钮?，双击数据对象列表中的“YV1”。

（3）使用同样的方法将“可见度”对应的数据对象设置为“YV1”。

（4）或者单击“动画连接”标签页，进入该页，在“图元名”列，出现 5 个组合图符。

（5）选中第 1 个“组合图符”，右端出现“？”和“>”按钮。

（6）单击“>”按钮，弹出“动画组态属性设置”窗口。

（7）在“按钮动作”页，选中“数据对象值操作”，并填入“取反”、“YV1”。

（8）单击“确认”按钮。

（9）用同样方法设置其他 4 个组合图符，如图 3-22 所示。

（10）单击工具栏“保存”按钮。

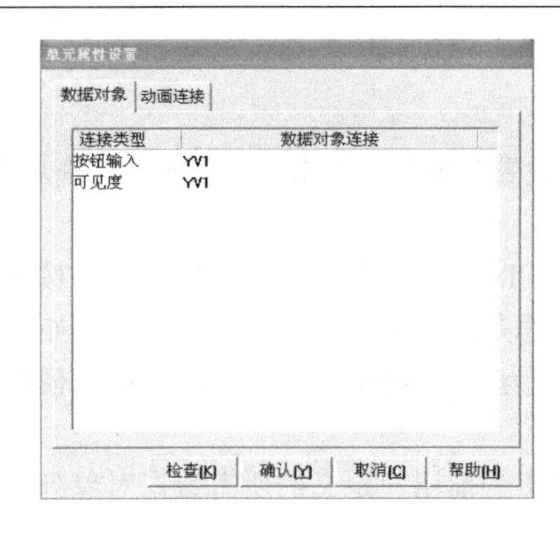

图 3-21　对阀进行数据对象连接

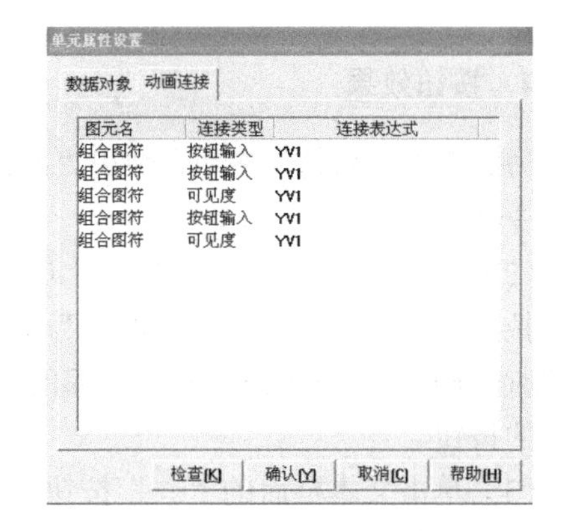

图 3-22　对阀进行动画连接

（11）其他阀（YV2、YV3 和 YV4）的启停效果设置与此类似。

3．水流效果

（1）双击 YV1 右侧的流动块，弹出“流动块构件属性设置”窗口。
（2）在“基本属性”页中，按照图 3-23 所示进行设置。
（3）在“流动属性”页中，按照图 3-24 所示进行设置。

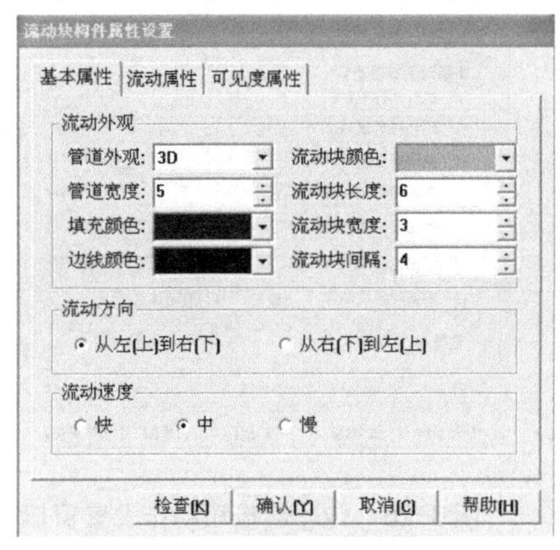

图 3-23　水流基本属性设置

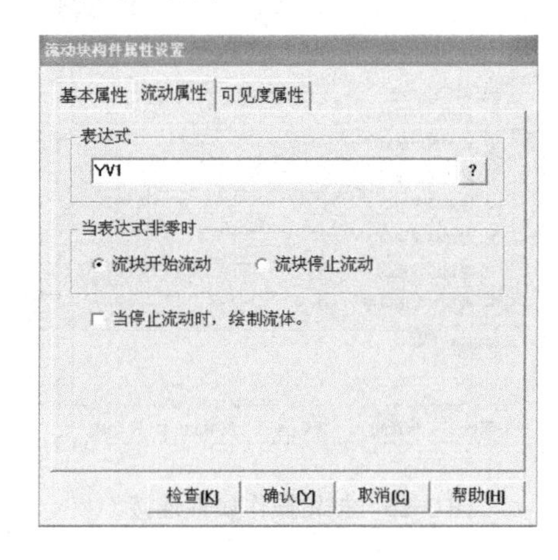

图 3-24　水流流动属性设置

（4）注意不要进行可见度属性设置。

（5）阀 YV2 左侧、YV3 和 YV4 右侧流动块的制作方法与此相同，只要将表达式相应改为 YV2、YV3、YV4 即可。

（6）单击工具栏“保存”按钮，按“F5”或单击工具条按钮，进入运行环境，操作阀 YV1、YV2、YV3 和 YV4，观察流动块的流动效果。如果流动方向有问题，可以返回组态环境，在“基本属性”页中修改流动方向设置。

4．按钮效果

（1）双击“启动”按钮，弹出“属性设置”窗口，单击“操作属性”选项卡，如图 3-25 所示。

（2）选中“数据对象值操作”，单击第 1 个下拉列表框的“▼”，弹出按钮动作下拉菜单，单击“取反”。“取反”的意思是：如果数据对象“启动”初始值为 0，则在画面上单击按钮，数据对象的值变为 1；再单击，值变为 0，用来模拟带自锁的按钮。

（3）单击文本框后的“？”按钮，弹出当前用户定义的所有数据对象列表，双击“启动”。

（4）用同样的方法建立“停止”与对应数据对象之间的动画连接。单击“保存”按钮。

5．传感器效果

（1）双击“液面传感器 L1”，弹出“动画组态属性设置”窗口，如图 3-26 所示。

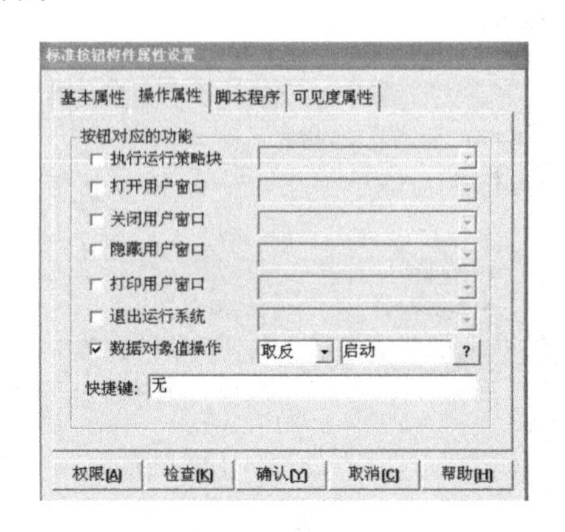

图 3-25　按钮操作属性连接

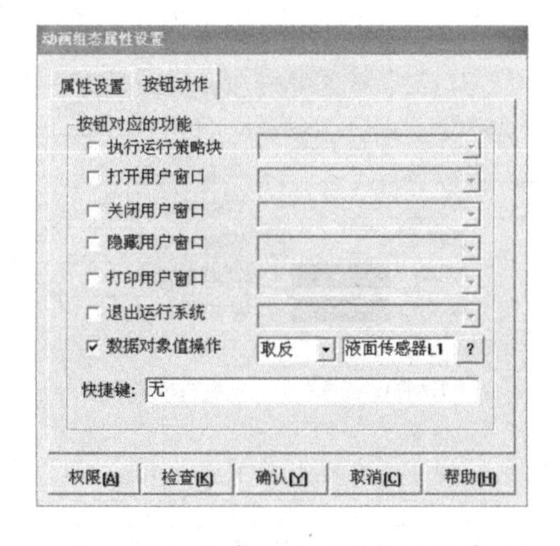

图 3-26　传感器按钮动作设置窗口

（2）单击“按钮动作”选项卡，勾选“数据对象值操作”，单击第 1 个下拉列表框的“▼”，弹出按钮动作下拉菜单，单击“取反”。

（3）单击文本框后的“？”按钮，弹出当前用户定义的所有数据对象列表，双击“液面传感器 L1”，如图 3-27 所示。

（4）在“属性设置”窗口中选中“填充颜色”，单击“填充颜色”选项卡。

（5）进入“填充颜色”页，单击“？”按钮，在弹出的菜单中选择“液面传感器 L1”。单击“增加”按钮，将“填充颜色连接”项中“0”对应颜色设为黑色；

“1”对应颜色改为红色，如图 3-26 所示（彩色效果见电子课件）。

（6）用同样的方法建立液面传感器 L2、L3 及温度传感器 T 与对应数据对象之间的动画连接，单击“保存”按钮。

6．搅拌电机和加热器效果

（1）双击“搅拌电机 M”，弹出“属性设置”窗口。

（2）单击“闪烁效果”选项卡，按照图 3-28 所示进行设置。

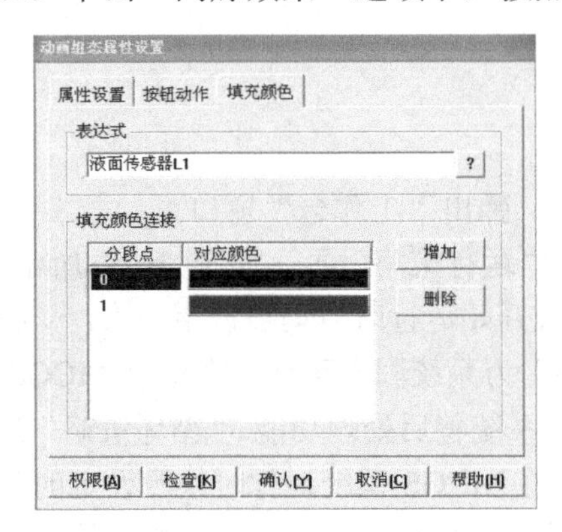

图 3-27　传感器填充颜色设置

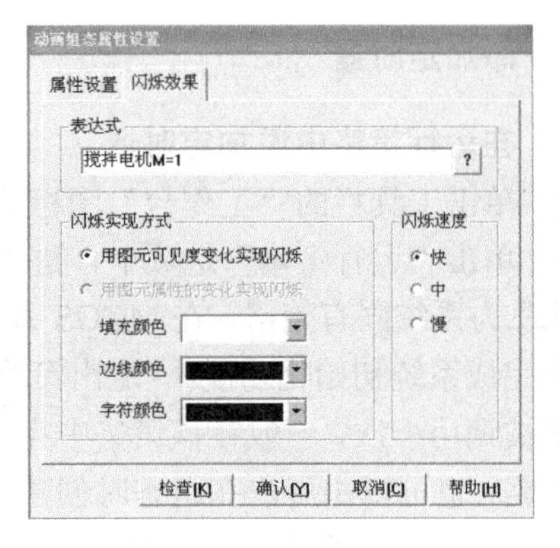

图 3-28　搅拌电机闪烁效果设置窗口

（3）用同样的方法建立加热器 H 与对应数据对象之间的动画连接，只要将表达式改为“加热器 H=1”即可，单击“保存”按钮。

3.3.5　模拟仿真运行与调试

本系统要求实现以下控制要求：

（1）按下启动按钮 SB0 后，打开 YV1，液体 A 进入，当 L3 有输出时，关 YV1。

（2）打开 YV2，当 L2 有输出时，关 YV2。

（3）打开 YV3，当 L1 有输出时，关 YV3。

（4）搅拌电机搅拌，持续 10 秒。

（5）搅拌机停止工作，同时使加热器 H 工作，开始加热。

（6）当温度传感器 T 动作，停止加热，打开出料阀 YV4，在打开 YV4 时，YV1、YV2、YV3 不能打开。

（7）当液面下降到 L3 处，延时 10 秒，关 YV4，重新开始下一循环。

（8）按下停止按钮 SB1 时，立即停止当前的工作。

可以通过编写脚本程序来实现上述功能，脚本程序是组态软件中的一种内置编程语言引擎。当某些控制或计算任务通过常规组态方法难以实现时，通过使用脚本语言，能够增强整个系统的灵活性，解决其常规组态方法难以解决的问题。在 MCGS 中，脚本语言是一种语法上类似 Basic 的编程语言。可以应用在运行策略中，把整个脚本程序作为一个策略功能块执行，也可以在菜单组态中作为菜单的一个辅助功能运行，更常见的方法是应用在动画界面的事件中。

从控制要求可以看出，控制过程大致是使各个电磁阀、搅拌电机和加热器定时、顺序动作。让电磁阀、搅拌电机和加热器执行动作很简单，只要将相应的数据对象置 0 或置 1 即可。那么，如何实现定时功能呢？

1．添加定时器

1）在运行策略中添加定时器

① 单击工具栏的“工作台”图标，弹出“工作台”窗口。

② 单击“运行策略”选项卡，进入“运行策略”页，如图 3-29 所示。“启动策略”为系统固有策略，在 MCGS 系统开始运行时自动被调用一次，一般在该策略中完成系统初始化功能。“退出策略”为系统固有策略，在退出 MCGS 系统时自动被调用一次，一般在该策略中完成系统善后处理功能。“循环策略”为系统固有策略，也可以由用户在组态时创建，在 MCGS 系统运行时按照设定的时间循环运行。由于该策略块由系统循环扫描执行，故可以把关于流程控制的任务放在此策略块里处理。

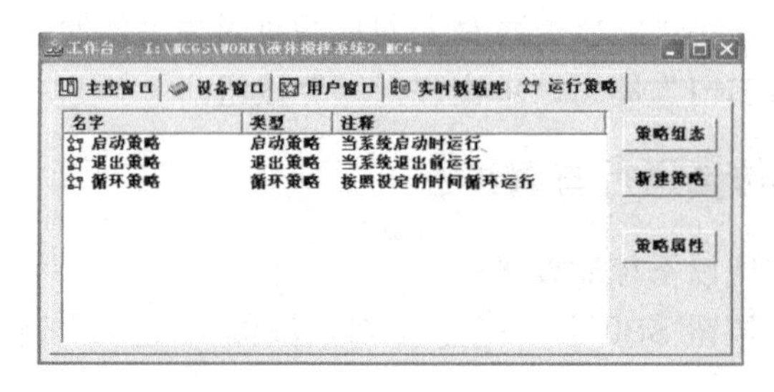

图 3-29　运行策略

③ 双击“循环策略”进入策略组态窗口。

④ 双击图标进入策略属性设置页面，将循环时间设为“200ms”，单击“确认”。

⑤ 在策略组态窗口中，单击工具条中的“新增策略行”图标，增加一策略行，如图 3-30 所示。

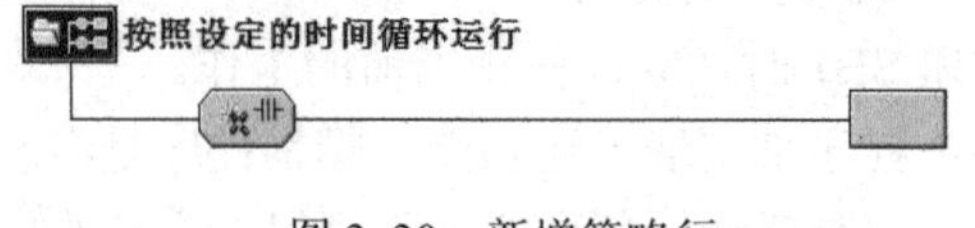

图 3-30　新增策略行

⑥ 在“策略工具箱”中选中“定时器”，鼠标移动到新增策略行末端的方块，此时光标变为小手形状，单击该方块，定时器被加到该策略，如图 3-31 所示。

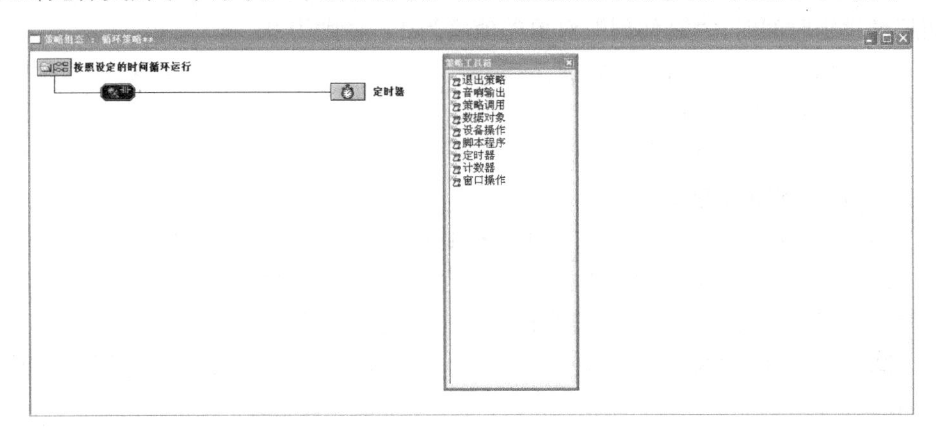

图 3-31　定时器策略

2）新增定时器数据对象

定时器以时间作为条件，当到达设定的时间时，条件成立一次，否则不成立。定时器功能构件通常用于循环策略块的策略行中，作为循环执行功能构件的定时启动条件。为了更好地控制定时器的运行，新增 4 个数据对象，如表 3-3 所示。

表 3-3　定时器数据对象

对象名称	类型	初值	注释
定时器启动	开关型	0	控制定时器的启停，1 启动，0 停止
计时时间	数值型	0	定时器计时时间
时间到	开关型	0	定时器定时时间到为 1，否则为 0
定时器复位	开关型	0	该值为 1 时，定时器复位，重新计时

3）定时器属性设置

① 双击新增策略行末端定时器方块，弹出“定时器属性设置”窗口，按照图 3-32 所示设置定时器参数。

②“设定值”一栏填入“10”，表示定时器设定时间为 10s。

③“当前值”一栏中，单击对应“？”按钮，在弹出的数据对象列表中双击“计时时间”，此时“当前值”表示定时器计时时间的当前值。

④“计时条件”一栏中，单击对应“？”按钮，双击“定时器启动”，表示该对象为 1 时，定时器开始计时；为 0 时，停止计时。

⑤“复位条件”一栏中，单击对应“？”按钮，双击“定时器复位”，表示

该对象为 1 时，定时器复位。

⑥“计时状态”一栏中，单击对应“？”按钮，双击“时间到”，当计时时间超过设定时间时，“时间到”对象的值将为 1，否则为 0。

⑦“内容注释”一栏中填入“定时器”。

⑧ 单击“确认”按钮。

⑨ 单击工具栏“保存”按钮。

4）定时器特性观察

为了更方便地观察定时器的时间，在原画面上增加一个“计时时间”显示功能。

① 单击“工具箱”内的“标签”按钮A，鼠标的光标呈“十”字形，在画面空白位置上拖曳鼠标，根据需要拉出一个一定大小的方框。

② 在方框内输入“计时时间”文字，双击方框，弹出“动画组态属性设置”窗口。

③ 在“输入输出连接”一栏中选择“显示输出”。

④ 单击“显示输出”选项卡，进入该页。

⑤ 按照图 3-33 进行显示输出设置。在定时器运行时，可以显示计时时间。

2. 编写脚本程序

（1）根据液体混合搅拌系统要求，完成一个循环需要 50s，首先将定时器定时时间修改为“50”。

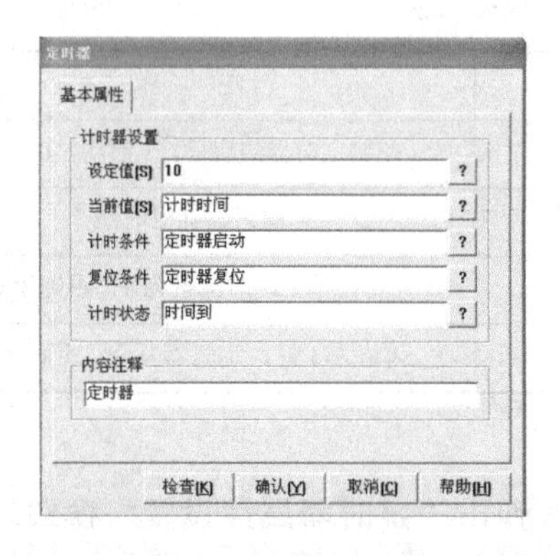

图 3-32 设置定时器

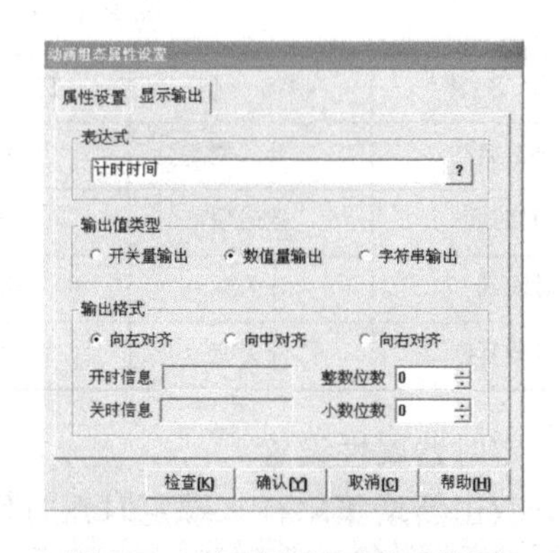

图 3-33 定时器显示输出设置

（2）将脚本程序添加到策略行：

① 进入循环策略组态窗口，单击工具条中的“新增策略行”图标，增加一新策略行。

② 在“策略工具箱”中选中“脚本程序”，鼠标移动到新增策略行末端的方块，此时光标变为小手形状，单击该方块，脚本程序被加到该策略。

③ 鼠标单击选中该策略行，单击工具栏上的“向上移动”按钮，脚本程序上移到定时器行上，如图 3-34 所示。

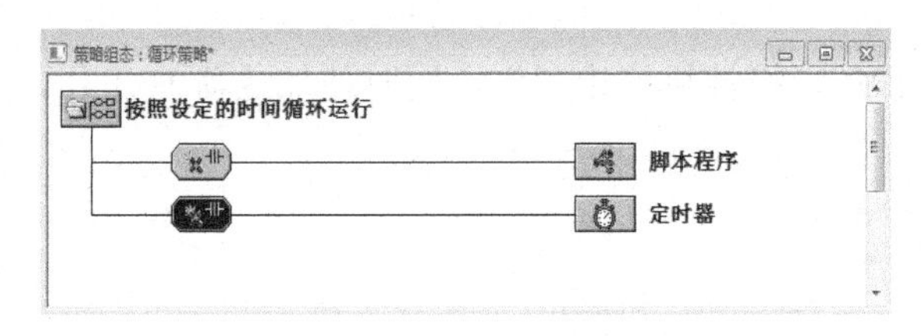

图 3-34　新增脚本程序策略行

④ 双击“脚本程序”策略行末端的方块，出现脚本程序编辑窗口，在图中窗口输入脚本程序。

（3）参考脚本程序清单：

① 按下启动按钮 SB0 后，打开 YV1：

```
IF 启动=1 AND 停止=0  THEN
YV1=1
物料罐水位=物料罐水位+0.05
ENDIF
```

② 当 L3 有输出时，关 YV1，打开 YV2：

```
IF 液面传感器 L3=1 THEN
YV1=0
YV2=1
ENDIF
```

③ 当 L2 有输出时，关 YV2，打开 YV3：

```
IF 液面传感器 L2=1 THEN
YV1=0
YV2=0
YV3=1
ENDIF
```

④ 当 L1 有输出时，关 YV3，搅拌电机搅拌：

```
IF 液面传感器 L1=1 THEN
YV1=0
YV2=0
YV3=0
YV4=0
搅拌电机 M=1
加热器 H=0
```

```
定时器复位=0
定时器启动=1
ENDIF
```

⑤ 延时 10 秒后，搅拌机停止工作，同时使加热器 H 工作，开始加热：

```
IF 时间到=1 THEN
搅拌电机 M=0
加热器 H=1
ENDIF
```

⑥ 当温度传感器 T 动作，停止加热，打开出料阀 YV4，在打开 YV4 时，YV1、YV2、YV3 不能打开：

```
IF 温度传感器=1 THEN
加热器 H=0
搅拌电机 M=0
YV4=1
物料罐水位=物料罐水位-0.05
ENDIF
```

⑦ 当液面下降到液面传感器 L3，L3 没有输出时，延时 10 秒，关 YV4：

```
IF 液面传感器 L3=0 AND 温度传感器=1 THEN
YV1=0
YV2=0
YV3=0
定时器复位 1=0
定时器启动 1=1
ENDIF
IF 时间到 1=1 THEN
加热器 H=0
搅拌电机 M=0
YV4=0
ENDIF
```

⑧ 按下停止按钮 SB1 时，立即停止当前的工作：

```
IF 停止=1 THEN
YV1=0
YV2=0
YV3=0
YV4=0
搅拌电机 M=0
加热器 H=0
定时器复位=1
ENDIF
```

（4）调试程序：

① 以每个 IF…ENDIF 部分为一段，分段输入并调试程序。

② 单击“检查”按钮，进行语法检查。如果报错，修改到无语法错误。

③ 单击“保存”按钮，进入运行环境，观察动作效果是否正确，如有误，重新进行调整，直至动作效果正确。

④ 再输入其他程序段，并调试。

⑤ 全部程序分段调试结束后，再进行整体调试。

任务 4　MCGS 组态软件和欧姆龙 CPM2AH PLC 的通信调试

液体混合搅拌监控系统以欧姆龙 CPM2AH PLC 为控制单元，利用 MCGS 组态软件将控制系统的控制状态可视化，利用上位机接收和处理现场信号，并驱动上位机控制界面中的图形控件，使监控画面实时显示现场状态，进而实现远程控制。

首先建立 MCGS 组态软件与欧姆龙 CPM2AH PLC 之间的通信连接，用欧姆龙编程电缆连接 PLC 与上位计算机。在组态软件的设备窗口中加入通用串口父设备及欧姆龙 PLC，组态完成之后，进入运行环境就能实现对液体混合搅拌系统的上位机监控功能。

3.4.1　编制并调试 PLC 的控制程序

（1）编辑生成如图 3-35 所示的梯形图程序。

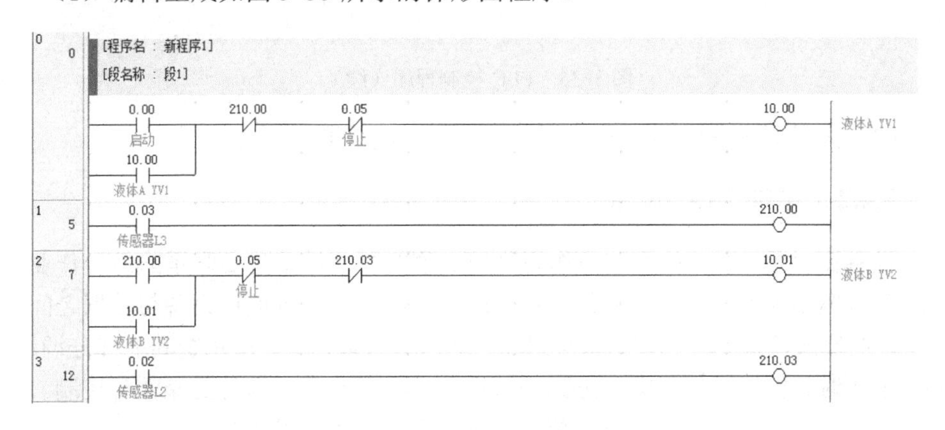

图 3-35　PLC 控制程序

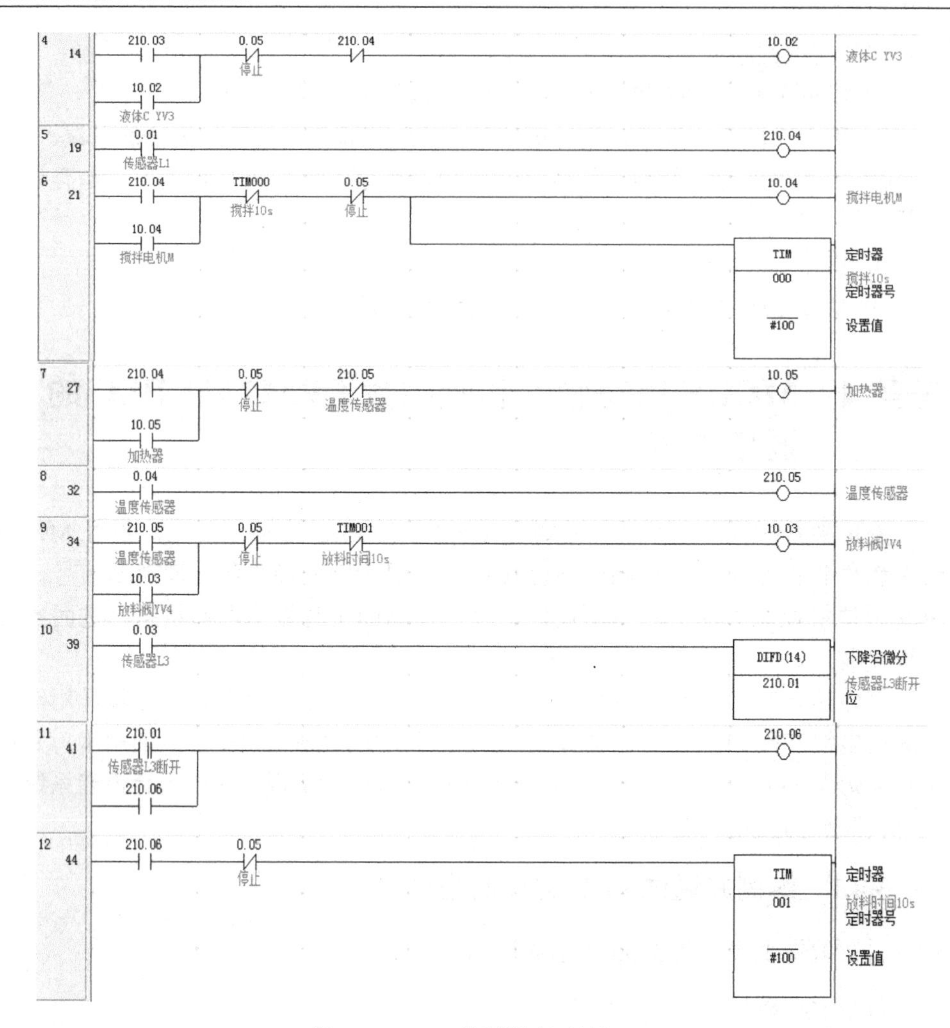

图 3-35　PLC 控制程序（续）

（2）按照上图进行 PLC 程序调试，直至调试结果正确。

3.4.2　添加 PLC 设备

设备窗口是 MCGS 系统与作为测控对象的外部设备建立联系的后台作业环境，负责驱动外部设备，控制外部设备的工作状态。系统通过设备与数据之间的通道，把外部设备的运行数据采集进来，送入实时数据库，供系统其他部分调用，并且把实时数据库中的数据输出到外部设备，实现对外部设备的操作与控制。

（1）单击工作台中的“设备窗口”选项卡，进入“设备窗口”页。

（2）单击“设备组态”图标，弹出“设备组态”窗口，窗口内为空白，没有任何设备。

（3）单击工具条上的“工具箱”图标，弹出“设备工具箱”窗口，单击“设备管理”图标，弹出“设备管理”窗口，如图 3-36 所示。

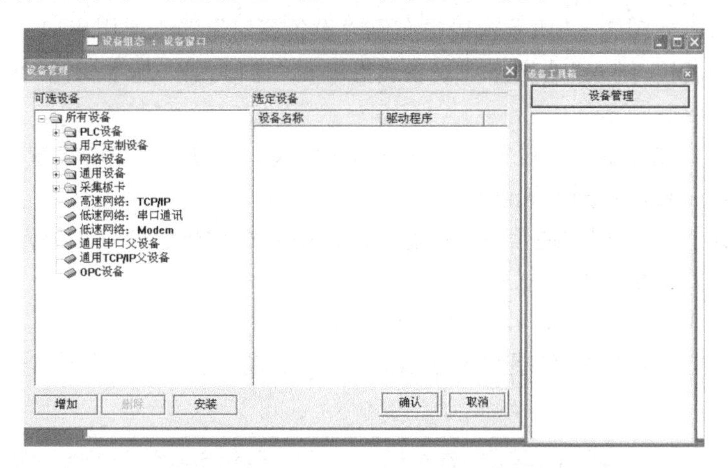

图 3-36 “设备工具箱”和“设备管理”窗口

（4）在 MCGS 中 PLC 设备是作为子设备挂在串口父设备下的，因此在设备组态窗口中添加 PLC 设备前，必须先添加一个串口父设备。欧姆龙 PLC 的串口父设备可以用“串口通信父设备”，也可以用“通用串口父设备”。“通用串口父设备”在图 3-35 左侧所示“可选设备”列表中可以直接看到。打开“可选设备”列表的“通用设备”项，双击“通用串口父设备”，“串口通信父设备”将出现在“选定设备”栏。

（5）双击“PLC 设备”，弹出能够与 MCGS 通信的 PLC 列表。选择“欧姆龙”→“HostLink”→“扩展 Omron HostLink”，双击“扩展 Omron HostLink”图标，该设备也被添加到“选定设备”栏。

（6）单击“确认”，“设备工具箱”列表中出现以上两个设备。

（7）双击“通用串口父设备”，再双击“扩展 Omron HostLink”设备，它们被添加到左侧设备组态窗口中，如图 3-37 所示。至此完成设备的添加。

（8）单击“保存”按钮。

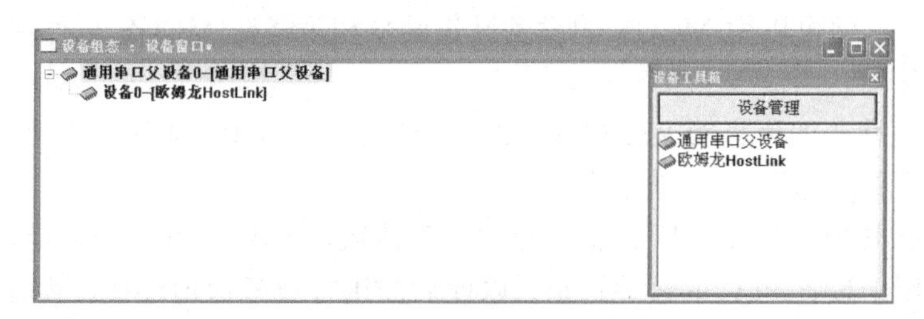

图 3-37　添加扩展 Omron HostLink 设备

3.4.3 设置 PLC 设备属性

（1）双击如图 3-37 所示窗口中左侧“设备窗口”的“通用串口父设备 0-[通用串口父设备]”，进入“通用串口设备属性编辑”窗口。在“基本属性”页按图 3-38 所示进行设置。

通用串口父设备用来设置通信参数和通信端口。通信参数的设置必须与 PLC 的设置保持一致，否则就无法通信。

欧姆龙 PLC 常用的通信参数：通信波特率为 6-9600，含 0-1 位停止位、2 位偶校验、0-7 位数据位。

（2）单击“确认”窗口，返回设备组态窗口。

（3）双击“设备 0-[扩展 Omron HostLink]”，在“基本属性”页进行如图 3-39 所示的设置。

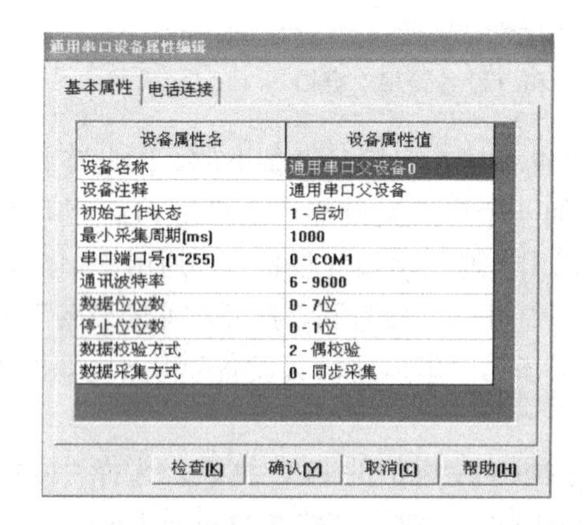

图 3-38 通用串口父设备属性设置

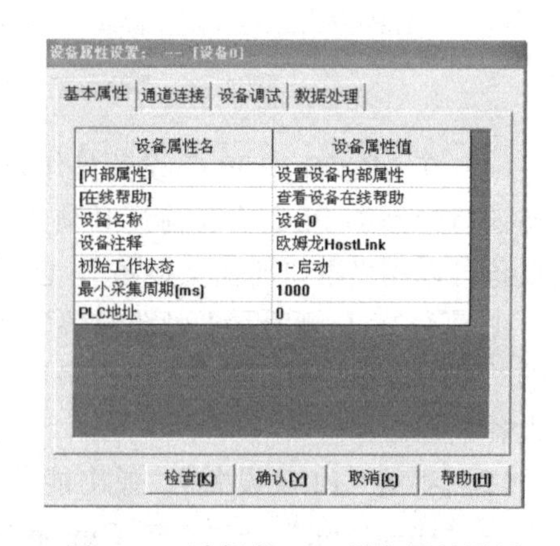

图 3-39 欧姆龙 PLC 设备属性设置

最小采集周期：为运行时 MCGS 对设备进行操作的时间周期，单位为毫秒，一般在静态测量时设为 1000ms，在快速测量时设为 200ms。

初始工作状态：用于设置设备的起始工作状态，设置为启动时，在进入 MCGS 运行环境时，MCGS 即自动开始对设备进行操作，设置为停止时，MCGS 不对设备进行操作，但可以用 MCGS 的设备操作函数和策略在 MCGS 运行环境中启动或停止设备。

PLC 地址：如为直接 RS232 方式时 PLC 地址设为 0，采用适配器时 PLC 地址由用户设置，这里 PLC 地址设为 0。

（4）单击“[内部属性]”之后出现“…”按钮，列出了 PLC 的通道及其含义。内部属性用于设置 PLC 的读写通道，以便后面进行设备通道连接，从而把设备中的数据送入实时数据库中的指定数据对象或把数据对象的值通过设备指定的通道输出。欧姆龙 PLC 设备构件把 PLC 的通道分为只读、只写、读写三种情况：

- 只读通道用于把 PLC 中的数据读入到 MCGS 的实时数据库中。
- 只写通道用于把 MCGS 实时数据库中的数据写入到 PLC 中。
- 读写通道可以从 PLC 中读数据，也可以往 PLC 中写数据。

本设备构件可操作 PLC 的：IR/SR（位操作读写），LR（数据连接），HR，AR，TC，PV（定时计数），DM（数据寄存器）。

（5）IR0000.00 表示内部继电器区的输入继电器 0.00。现在要增加输出继电器 10.00～10.05 和定时器 TIM000～TIM001。单击“增加通道”按钮，弹出“增加通道”窗口，按照图 3-40 所示进行设置。单击“删除一个”按钮可以删除通道，当读写类型不变，只要通道地址递增时，可以用“索引拷贝”快速添加通道。

（6）单击“确认”按钮，弹出如图 3-41 所示窗口，可以看到增加了 6 个输出通道和两个定时器。

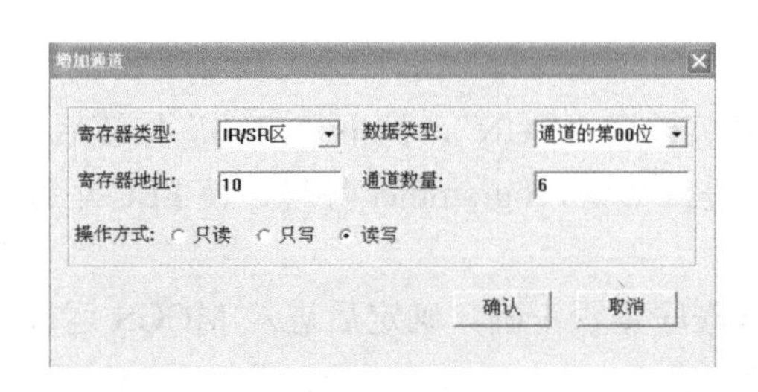

图 3-40　增加通道

图 3-41　添加结果

（7）单击“确认”按钮，返回到基本属性设置页。

3.4.4　设备通道连接

本构件对 PLC 设备的调试分为读和写两个部分，如在“通道连接”属性页中，显示的是读 PLC 通道，则在“设备调试”属性页中显示的是 PLC 中这些指定单元的数据状态；如在“通道连接”属性页中显示的是写 PLC 通道，则在“设备调试”属性页，把对应的数据写入到 PLC 指定单元中。

注意：对于读写 PLC 通道，在设备调试时不能往下写。

（1）单击“通道连接”选项卡，进入“通道连接设置”页，按照表 3-1 的 I/O 分配进行设置。

（2）选中通道 1，双击“对应数据对象”栏，在其中输入在实时数据库中建立的与之对应的数据名“启动”，单击“确认”按钮就完成了 MCGS 中的数据对象与 PLC 内部寄存器间的连接，具体的数据读写将由主控窗口根据具体的操作情况自动完成。

（3）其他通道设置类似，如图 3-42 所示。

图 3-42　通道连接

3.4.5　设备调试

（1）将欧姆龙 CPM2AH PLC 上的开关拨至“RUN”，按下“启动”按钮后，观察 PLC 输出是否正确，如果不正确，进入 CX-Programmer 环境，使 PLC 运行后调试，直至运行正确，退出该环境。

（2）检查 MCGS 运行策略中的脚本程序是否正确，确定后进入 MCGS 运行环境。

（3）观察 MCGS 监控画面中各个电磁阀、搅拌电机和加热器动作是否正确。如果不正确，查找原因并修正。

（4）退出 MCGS 运行环境，完成调试工作。

项目小结

PLC 具有可靠性高、抗干扰能力强、灵活性好等优点，因此 PLC 的应用几乎覆盖了所有工业领域。同时由于工业控制过程日益复杂，控制要求越来越高，比如对现场的监视，对数据的显示、监视等。本项目选用欧姆龙的 CPM2AH 系列 PLC 作为下位机对现场的数据进行采集，通过 PLC 的硬件设计和软件编程，对液体混合搅拌系统实现了电磁阀、搅拌电机和加热器等的自动控制。上位机中通过 MCGS 的编程，实现了现场工作状态的显示，现场数据的显示、记录和存档，以及监控功能。

基于 MCGS 的 PLC 控制系统能充分利用计算机软件功能，利用其庞大的标准图形库，完备的绘图工具集以及丰富的多媒体支持，“调用”或“制造”出各种现场设备和仪表，快速开发出漂亮、生动的工程画面。MCGS 与 PLC 相配合，真实地再现了现场运行过程，有很好的可视性，确保了液体混合搅拌系统能够安全、可靠、稳定地运行。

项目 4　储液罐水位监控系统

学习目标

- 熟悉用 MCGS 软件建立储液罐水位监控系统的整个过程。
- 掌握储液罐水位监控系统的界面设计、动画连接及脚本程序编写。
- 学会用 MCGS 软件、I/O 板卡或 PLC 进行联合调试。

任务 1　系统方案设计

4.1.1　控制要求

如图 4-1 所示为双储液罐对象。罐 1 中的水由泵输入，水在其内按照工艺要求进行处理后送罐 2，在罐 2 中进一步处理后送其他设备使用。

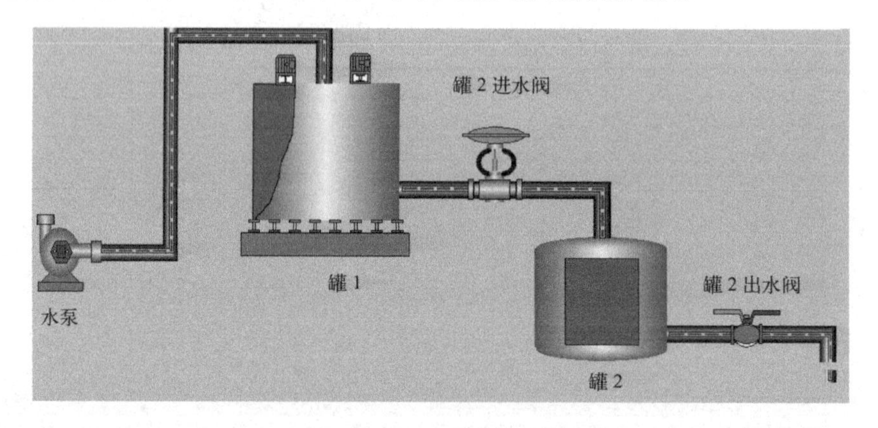

图 4-1　双储液罐对象组成

对储液罐对象有如下控制要求：

（1）水位监测：能够实时检测罐 1、罐 2 中水位，并在计算机中进行动态显示。

（2）水位控制：将罐 1 水位 H1 控制在 1～9m，罐 2 水位 H2 控制在 1～6m。

（3）异常报警：当水位超出以上控制范围时报警。

（4）当 H2 低于 0.5m 时采取必要保护措施。

（5）报表输出：生成水位参数的实时报表和历史报表，供显示和打印。

（6）曲线显示：生成水位参数的实时趋势曲线和历史趋势曲线。

（7）设置工程密码：确保工程项目只能由经过授权的人员使用。

4.1.2　对象分析

由于负荷用水量（罐 2 出水阀开度）随时可能变化，造成储液罐水位随之改变，应该采用闭环形式随时检测水位变化并实时调整进水量。此外，罐 1 水位 H1 控制范围为 1～9m，罐 2 水位 H2 控制范围为 1～6m，范围都很宽，控制品质要求较低，因此控制系统结构、控制算法都可以设计得比较简单。

H2 不在规定范围时，说明罐 2 进水量与出水量不平衡，理论上调节进水量和出水量都可以达到控制 H2 的目的，但出水量主要受负荷需求控制，一般不应限制，只能最大限度满足。因此当 H2 过高或过低时，应该调整其进水量。

由于 H2 控制精度要求不高，可采用 H2 过低时接通进水阀；H2 过高时断开进水阀的方法。

同样，H1 不在规定范围时，说明罐 1 进水量与出水量不平衡，可以通过调节罐 1 进水量或出水量达到控制 H1 的目的。罐 1 出水量已用于控制罐 2 水位，只能选择改变罐 1 进水量的方法控制 H1。

同样，由于 H1 控制要求不高，可采用 H1 过低时接通水泵；H1 过高时断开水泵的方法。

用数学公式描述以上控制方法：

$$Y1=\begin{cases}1 & H1\leqslant 1\text{m}\\0 & H1\geqslant 9\text{m}\end{cases}\qquad Y2=\begin{cases}1 & H2\leqslant 1\text{m}\\0 & H2\geqslant 6\text{m}\end{cases}$$

其中 Y1 是水泵控制信号，Y1=1，接通水泵；Y1=0，断开水泵。Y2 是罐 2 进水阀控制信号，Y2=1，接通进水阀；Y2=0，关断进水阀。

用图形描述以上控制规律，如图 4-2 所示。

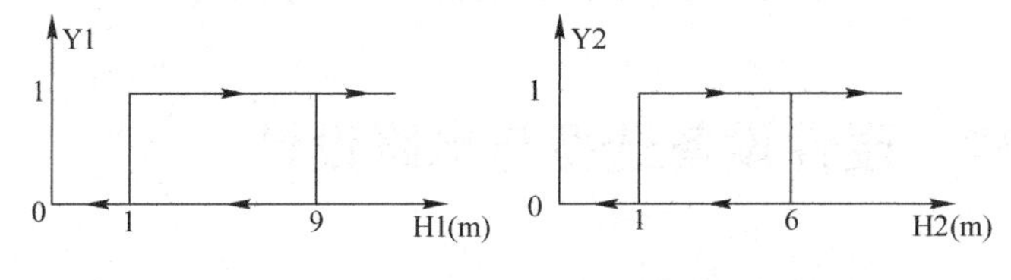

图 4-2　带中间区的位式控制算法

采用此算法的控制器输出的控制信号只有 0 和 1 两个值，对应执行器只有通和断两个状态，被称为“位式控制”算法。当水位高于上限或低于下限时，控制器动作；当水位在上、下限之间时，控制器保持原来状态不变。在位式控制中，这种算法属于带有中间区的位式控制算法。当被控参数处于中间区时，控制器输出保持原有状态。从控制效果看，中间区往往是被控参数波动的范围，实际运行时，由于对象存在惯性，被控参数的波动范围可能略大于中间区。总结如下：

被控对象——储液罐 1 和 2。

被控参数——罐 1 水位 H1、罐 2 水位 H2。

控制目标——使 H1 在 1～9m 范围；H2 在 1～6m 范围。

控制变量——罐 1 进水量和罐 2 进水量。

控制算法——带中间区的位式控制算法。

4.1.3 初步方案制定

水位控制系统方框图如图 4-3 所示。水位信息 H1 和 H2 经检测后通过输入接口送计算机，计算机根据水位高低发出控制命令，控制命令通过输出接口作用到水泵、罐 2 进水阀上，实现对水位 H1 和 H2 的闭环控制。

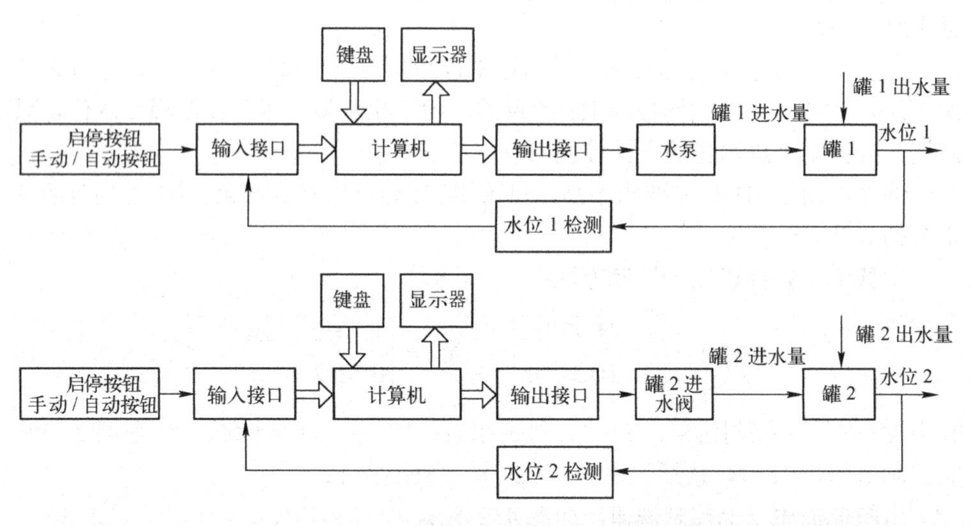

图 4-3 闭环控制的储液罐控制系统方框图

任务 2 软、硬件设备选型与电路设计

4.2.1 命令输入设备选型

本系统命令有：启动、停止、手动、自动。命令输入设备可使用外接按钮，

也可直接利用键盘、鼠标，在计算机上输入。本系统采用第 2 种，直接在计算机上输入命令。

4.2.2　传感器和变送器选型

这里选用 DBYG 型扩散硅压力变送器。压力变送器量程选择方法如下：

罐 1 正常水位范围 1～9m，测量范围适当放大，取 1～12m，转换为压力为：

$$P=\rho gh=10^3\text{kg/m}^3\times 9.8\text{m/s}^2\times 12\text{m}=117.6\times 10^3\text{N/m}^2=117.6\text{kPa}=0.1176\text{MPa}$$

罐 2 正常水位范围 1～6m，测量范围适当放大，取 1～8m，转换为压力为：

$$P=\rho gh=10^3\text{kg/m}^3\times 9.8\text{m/s}^2\times 8\text{m}=78.4\times 10^3\text{N/m}^2=78.4\text{kPa}=0.0784\text{MPa}$$

再经查阅 DBYG 型扩散硅压力变送器相关技术参数，可选择 DBYG-4000A/STXX1 型 2 个。使用前应进行零点和量程调整，确保：

H1=1m 时，变送器 1 输出 4mA 电流；H1=12m 时，变送器 1 输出 20mA 电流。

H2=1m 时，变送器 2 输出 4mA 电流；H1=8m 时，变送器 2 输出 20mA 电流。

该变送器外观及电气连接线路如图 4-4 所示。

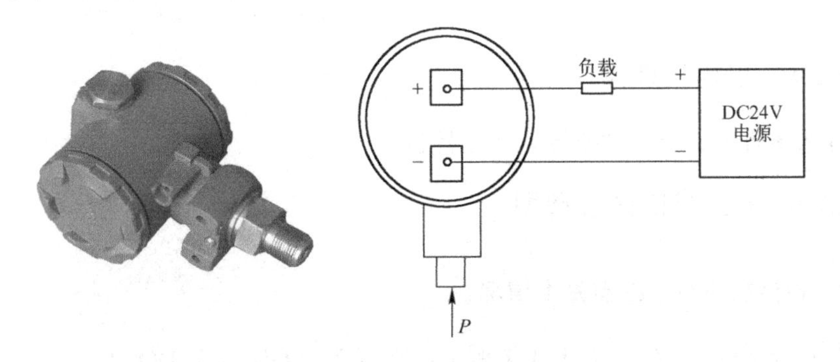

图 4-4　扩散硅压力变送器外观及连接

4.2.3　执行器选型

1. 水泵选型

本系统水泵参数如下：

型号：50SG-10-15。

流量：10m^3/h。

扬程：15m。

功率：0.75kW。

电压：交流 380V，50Hz。

转数：2800r/min。

口径：50mm。

立式离心泵如图 4-5 所示。

2. 进水阀与出水阀选型

由于采用位式控制算法，进水阀与出水阀只要求进行通断控制，选择电磁阀即可满足要求。如图 4-6 所示是本项目选用的 ZCW 型液用电磁阀外观。

图 4-5 立式离心泵图

图 4-6 ZCW 型液用电磁阀

4.2.4 工控机选型

可选择研华 ARK-5280 嵌入式工控机。

4.2.5 I/O 接口设备选型

1. 储液罐系统 I/O 点基本情况

储液罐系统的 I/O 点如表 4-1 所示，共有 2 个 DI，3 个 DO。

表 4-1 储液罐系统 I/O 情况表

序号	名称	功能	性质
1	水位变送器 1 输出信号	检测罐 1 水位	DI
2	水位变送器 2 输出信号	检测罐 2 水位	DI
3	水泵控制信号	控制水泵通断	DO
4	进水阀控制信号	控制罐 2 进水阀通断	DO
5	出水阀控制信号	控制罐 2 出水阀通断	DO

2．储液罐系统的 I/O 设备选择

提供两种方案。

方案一：选择研祥 PCL-818L 多功能板卡作为 I/O 接口设备。

方案二：选择西门子 S7-200 PLC 作为 I/O 接口设备。

4.2.6　系统方框图和电路接线图绘制（PCL-818L）

1．储液罐水位监控系统方框图（如图 4-7 所示）

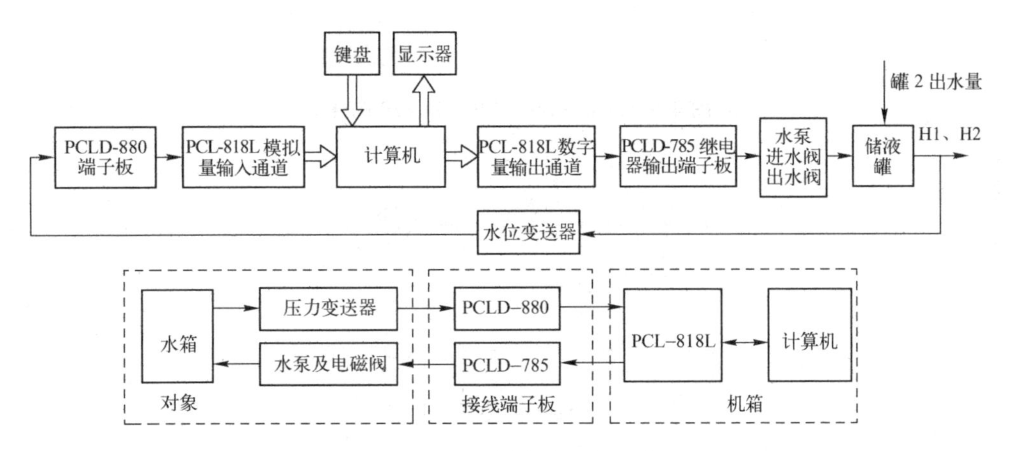

图 4-7　使用 PCL-818L 板卡作为接口设备的方框图

2．储液罐水位监控系统接线图

1）研祥 PCL-818L 多功能板卡引脚定义

该卡有 16 路模拟量输入（AI），1 路模拟量输出（AO），16 路数字量输入（DI）和 16 路数字量输出（DO），TTL/DTL 电平兼容。该板卡插在计算机的 ISA 插槽上，与外设通过 3 个插座进行信号沟通，分别进行 DI、DO、AI/AO 连接。

2）PCL-818L 与压力变送器的连接

PCL-818L 需要通过接线端子板与外设进行连接，可选择 PCLD-880 接线端子板。连接方法如图 4-8 所示，模拟输入/输出信号接到 PCLD-880 的接线端子排 A、B 上，再通过 37 芯电缆送给 PCL-818L。

PCLD-880 的每一个 AI 通道预留有 2 个电阻和 1 个电容，如图 4-9 所示。

本系统输入信号为 4～20mA，应采用表 4-3 中的第 4 种接法。

PCLD-880 上安排了 3 个连接器 CN1、CN2、CN5，如图 4-10 所示。本系统使用 CN5 与 PCL-818L 连接比较方便。

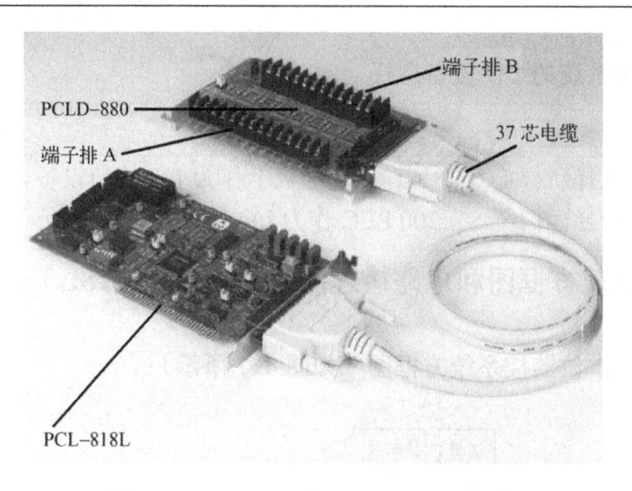

图 4-8　PCL-818L 与 PCLD-880 的连接

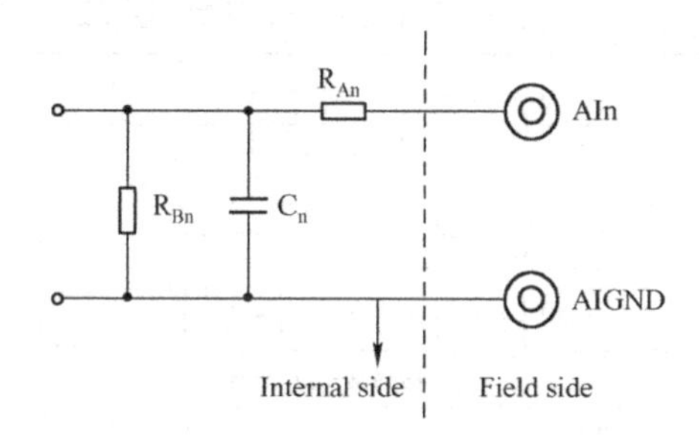

图 4-9　PCLD-880 AI 通道电路

PCL-818L、PCLD-880、扩散硅压力变送器之间的连接如图 4-11 所示。

3）PCL-818L 与水泵、进水阀、出水阀之间的连接

PCL-818L 的 DO 输出通道与水泵、进水阀、出水阀之间也需要通过接线端子板相连。由于 PCL-818L 的 DO 输出为 TTL 电平输出，不能直接驱动水泵和电磁阀。研华提供一款功率继电器输出端子板 PCLD-785，该端子板外观和接线端子定义如图 4-12 所示，其上带有 16 个继电器，每个继电器的通断受 PCL-818L 的 DO 通道控制，每个继电器带一个单刀双掷的触点（1 个常开、1 个常闭），继电器触点功率较大，可带 DC30V 负载，提供 1A 电流。

由图 4-6 知，电磁阀功率<15W，如果选择 DC24V 工作电压，其工作电流为：

$$I=P/U<15\text{W}/24\text{V}=0.625\text{A}$$

由于 PCLD-785 的每一个继电器可带 DC30V 负载，提供 1A 电流，因此可直接驱动电磁阀。

由水泵参数知，其供电参数为 AC380V，0.75kW，因此即使是 PCLD-785，其继电器也不能直接驱动水泵，要通过接触器驱动。接触器参数如下：

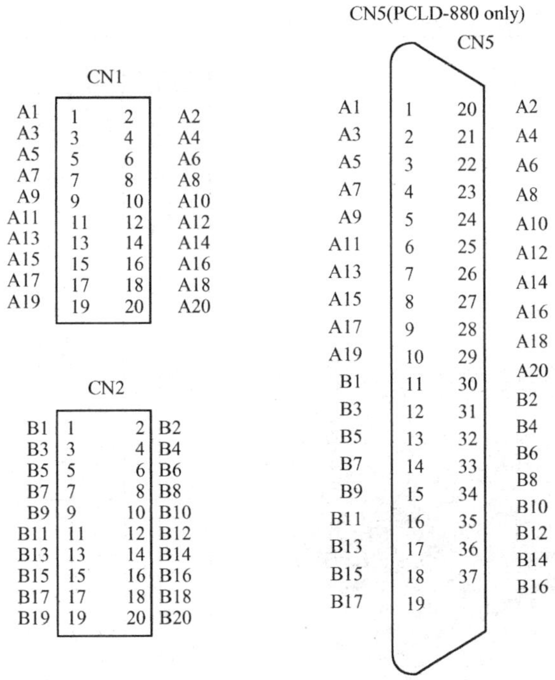

CN1

A1	1	2	A2
A3	3	4	A4
A5	5	6	A6
A7	7	8	A8
A9	9	10	A10
A11	11	12	A12
A13	13	14	A14
A15	15	16	A16
A17	17	18	A18
A19	19	20	A20

CN2

B1	1	2	B2
B3	3	4	B4
B5	5	6	B6
B7	7	8	B8
B9	9	10	B10
B11	11	12	B12
B13	13	14	B14
B15	15	16	B16
B17	17	18	B18
B19	19	20	B20

CN5(PCLD-880 only)

CN5

A1	1	20	A2
A3	2	21	A4
A5	3	22	A6
A7	4	23	A8
A9	5	24	A10
A11	6	25	A12
A13	7	26	A14
A15	8	27	A16
A17	9	28	A18
A19	10	29	A20
B1	11	30	B2
B3	12	31	B4
B5	13	32	B6
B7	14	33	B8
B9	15	34	B10
B11	16	35	B12
B13	17	36	B14
B15	18	37	B16
B17	19		

图 4-10　PCLD-880 管脚定义

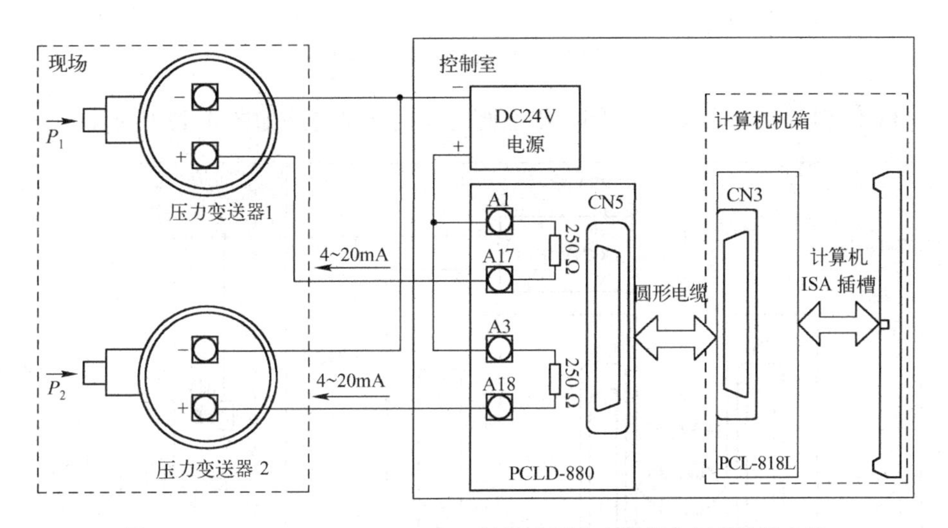

图 4-11　PCL-818L、PCLD-880、扩散硅压力变送器之间的连接电路

线圈电压：DC24V，线圈吸合功率 P<30V×1A=30W，确保 PCLD-785 能够驱动该线圈。

触点电压：AC380V。

触点电流：$I \approx 2P = 2 \times 0.75 = 1.5\text{A}$，确保接触器能够驱动水泵。

（a）PCLD-785 外观

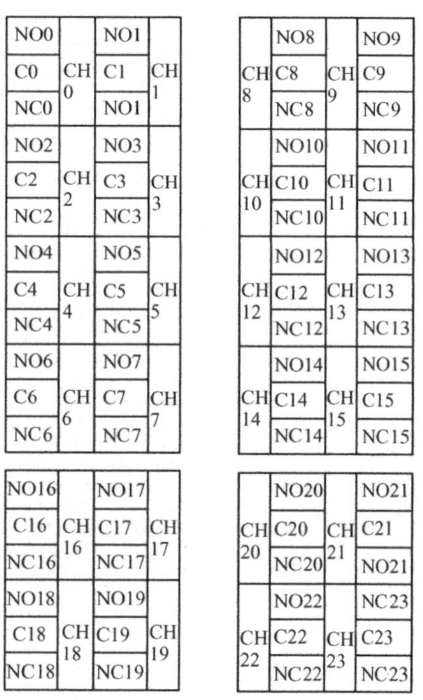

（b）PCLD-785 接线端子定义

图 4-12　PCLD-785 继电器输出接线端子板

PCL-818L 与水泵、进水阀、出水阀之间的连接电路如图 4-13 所示。

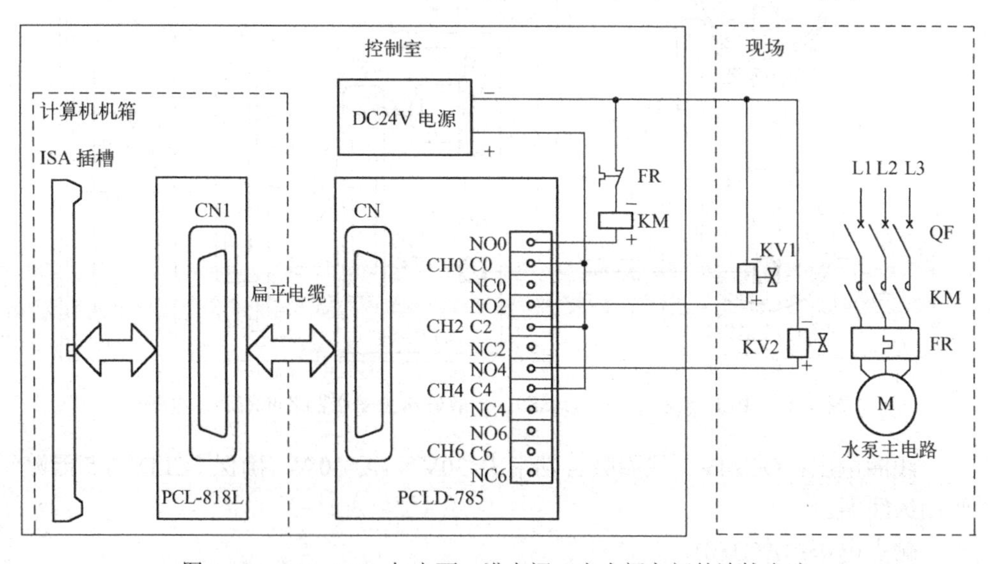

图 4-13　PCL-818L 与水泵、进水阀、出水阀之间的连接电路

PCL-818L 与 PCLD-785 通过各自的连接器 CN1、CN 用扁平电缆连接。PCLD-785 与接触器线圈 KM 和两个电磁阀 KV1、KV2 连接分别使用了 CH0、CH2、CH4 通道。

3．储液罐水位监控系统 I/O 分配表

储液罐水位监控系统 I/O 分配表见表 4-2。

表 4-2　储液罐水位监控系统 I/O 分配表（PCL-818L）

序号	名　称	功　能	PCL-818L	特　征
1	H1	罐 1 水位检测	ADS0	水位变送器 H1=0m 时，输入 4mA（1V），H1=12m 时，输入 20mA（5V）
2	H2	罐 2 水位检测	ADS1	水位变送器 H2=0m 时，输入 4mA（1V），H1=8m 时，输入 20mA（5V）
3	水泵	水泵通断控制	DO0	值为 0 时断开，为 1 时接通
4	罐 2 进水阀	罐 2 进水阀通断控制	DO2	值为 0 时断开，为 1 时接通
5	罐 2 出水阀	罐 2 出水阀通断控制	DO4	值为 0 时断开，为 1 时接通

4.2.7　系统方框图和电路接线图绘制（S7-200 PLC）

1．储液罐水位监控系统方框图（如图 4-14 所示）

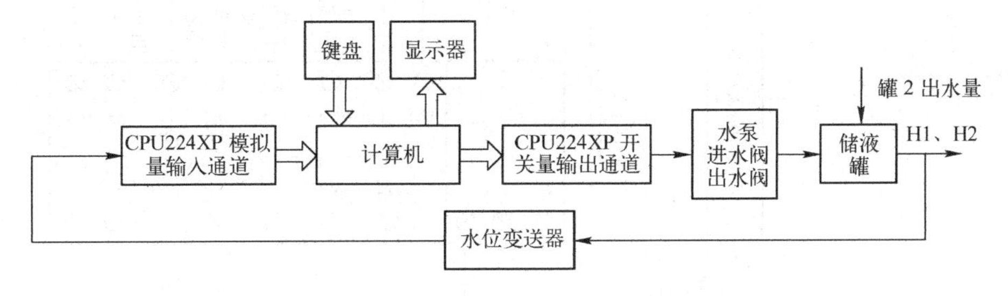

图 4-14　使用 CPU224XP 型 PLC 作为接口设备的方框图

2．储液罐水位监控系统接线图

西门子 S7-200 PLC 模块选型：西门子 S7-200 PLC 系列中，CPU224XP 是唯一带模拟量输入输出端子的，该 PLC 具有 14 个 DI、10 个 DO、2 个 AI、1 个 AO。本系统有 2 个 AI，3 个 DO，该 CPU 完全满足需求。

另外一种选择是使用端子较少的CPU222，再配一个AI/AO扩展模块EM 235。

CPU224XP DC/DC/DC 型模块端子定义如图 4-15 所示，其模拟量输入端子分别为 A+、M 和 B+、M，对应通道地址分别为 AIW0、AIW2。输入电压范围为-10V～+10V，输入电压为-10V 时，对应数字量为-32000；输入电压为+10V 时，对应数字量为+32000。

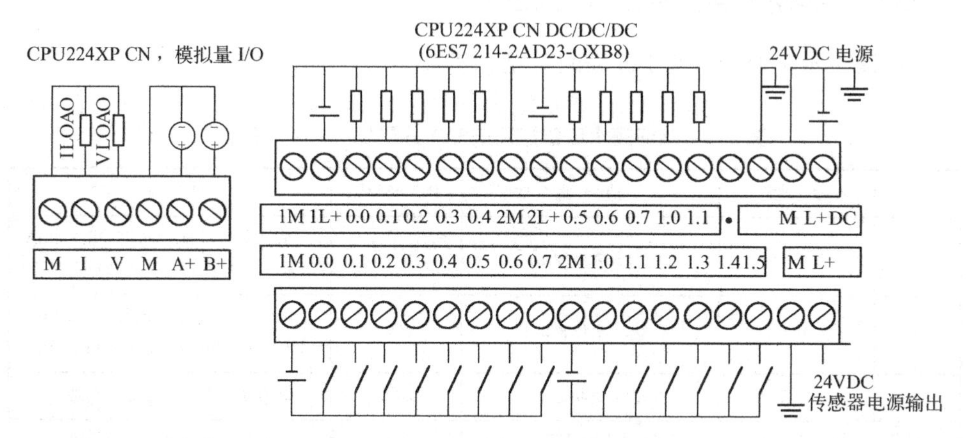

图 4-15　西门子 S7-200 PLC 的 CPU224XP DC/DC/DC 型模块

电路接线图如图 4-16 所示。接触器与水泵连接主电路不变，参见图 4-13。PLC 与计算机之间通过 PC/PPI 电缆连接。

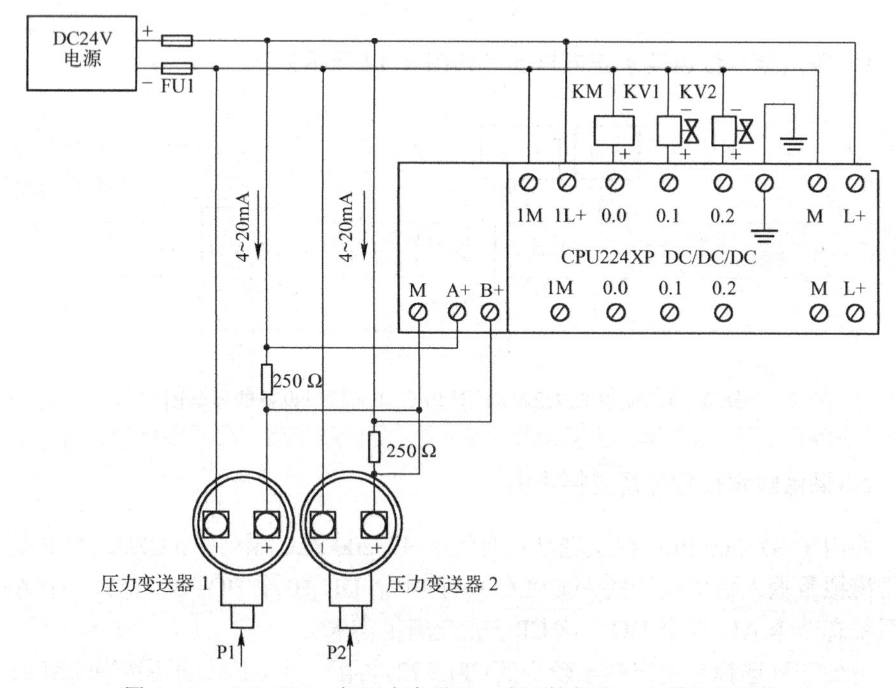

图 4-16　CPU224XP 与压力变送器、水泵接触器、电磁阀的连接

3. 储液罐水位监控系统 I/O 分配表

储液罐水位监控系统 I/O 分配表见表 4-3。

表 4-3 储液罐水位监控系统 I/O 分配表（S7-200 PLC 的 CPU224XP 模块）

序号	名 称	功 能	CPU224XP	特 征
1	H1	罐 1 水位检测	AIW0	水位变送器 H1=0m 时，输入 4mA（1V），H1=12m 时，输入 20mA（5V）
2	H2	罐 2 水位检测	AIW2	水位变送器 H2=0m 时，输入 4mA（1V），H1=8m 时，输入 20mA（5V）
3	水泵	水泵通断控制	Q0.0	值为 0 时断开，为 1 时接通
4	罐 2 进水阀	罐 2 进水阀通断控制	Q0.1	值为 0 时断开，为 1 时接通
5	罐 2 出水阀	罐 2 出水阀通断控制	Q0.2	值为 0 时断开，为 1 时接通

任务 3 监控软件的设计与调试

4.3.1 工程的建立

（1）进入 MCGS 组态环境，单击“文件”→“新建工程”。
（2）单击“文件”→“另存为”。
（3）在弹出的对话框内填入“水位监控系统”。

4.3.2 变量的定义

1. 变量分配

根据表 4-2 和表 4-3，本系统至少有 5 个变量，见表 4-4。

表 4-4 储液罐系统变量分配表

变 量 名	类 型	初 值	注 释
H1	数值型	0	输入信号，0～12m，1～5，ADS0/AIW0
H2	数值型	0	输入信号，0～8m，1～5，ADS1/AIW2
水泵	开关型	0	输出信号，值为 1 时接通，DO0/Q0.0
罐 2 进水阀	开关型	0	输出信号，值为 1 时接通，DO2/Q0.1
罐 2 出水阀	开关型	0	输出信号，值为 1 时接通，DO4/Q0.2

2．在 MCGS 中添加变量

与项目 2 和项目 3 方法相同，请注意变量的类型。

4.3.3　画面的设计与编辑

可供参考的监控画面如图 4-17 所示。

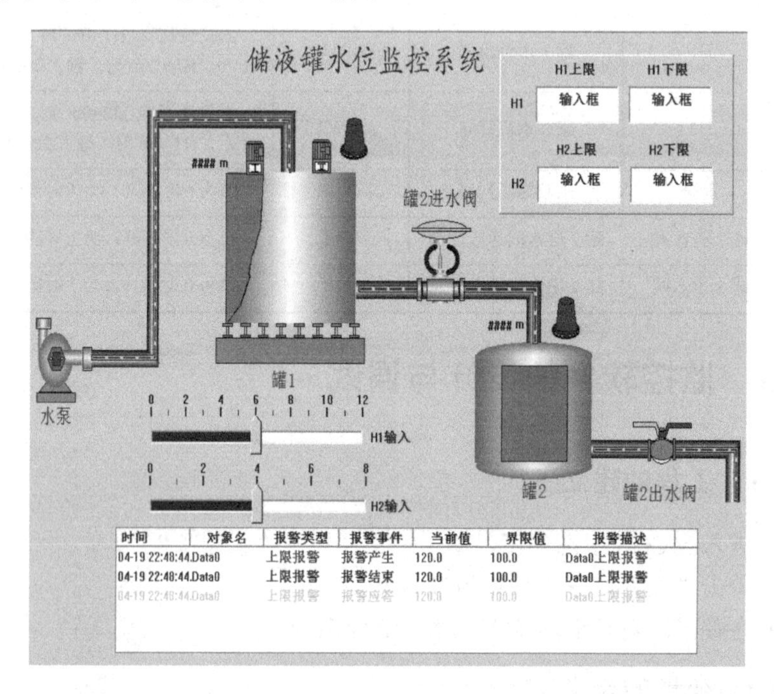

图 4-17　水位监控画面

1．新建画面

在“用户窗口”页建立“水位监控”画面，并将其设置为启动窗口。具体方法详见项目 2 和项目 3。

2．编辑画面

（1）利用“标签”工具A，写入文字“储液罐水位监控系统”，调整大小及位置。

（2）利用“插入元件”工具，从“储藏罐”中选择罐 17，画罐 1，调整大小及位置。

（3）从“储藏罐”中选择罐 53，画罐 2，调整大小及位置。

（4）从“泵”中选择泵 40，画水泵，调整大小和位置。

（5）从“阀”中选择阀 58 和阀 44，画罐 2 进水阀和出水阀，调整大小和位置。

（6）利用“流动块”工具 在泵与罐 1、罐 1 与罐 2、罐 2 与出水阀之间画流动块。流动块的画法如下：

① 单击”流动块“图标，鼠标光标呈“十”字形。

② 移动光标至合适位置，单击鼠标左键后拖动鼠标拉出一条虚线，拉出一定距离后，单击鼠标左键，生成一段流动块。

③ 继续移动鼠标（沿原方向或垂直方向），又生成一段流动块。

④ 双击鼠标左键或按“Esc”键，结束流动块绘制。

⑤ 选中流动块，鼠标指针指向小方块，按住左键拖动鼠标，即可调整流动块的形状。

（7）利用“文字”工具写入“罐 1”、“罐 2”、“泵”、“罐 2 进水阀”、“罐 2 出水阀”，对画面添加注释。

4.3.4　动画连接与调试

1．水位的模拟输入

安装 PCL-818L 板卡或 S7-200 PLC，并进行正确的设备连接后，水位信号可经板卡或 PLC 送入计算机。但如果不进行硬件连接，水位信号无法送入计算机，这时可利用滑动输入器工具进行水位模拟输入，以便进行系统模拟调试。滑动输入器的制作方法如下：

（1）进入水位监控窗口。

（2）选中“工具箱”中的“滑动输入器”图标，鼠标呈“十”字形，在罐 1 的下边按住左键拖动出一个滑动块。

（3）参考图 3.21 调整位置及大小。

（4）双击滑动块，弹出属性设置窗口，参数设置如下：

① 在“基本属性”页中，滑块指向：左（上）。

② 在“操作属性”页中，对应数据对象名称：H1；滑块到最右（下）边时对应值：12。其他不变。

③ 在制作好的滑动块右边加上注释“H1 输入”。

④ 用同样方法制作水位 2 的滑动块和注释。“操作属性”页中，对应数据对象名称：H2；滑块到最右（下）边时对应值：8。

2．水位实时显示动画效果的制作

（1）利用“标签”工具在罐 1 旁写入“####”，调整大小及位置。

（2）双击“####”，弹出“属性设置”对话框。

（3）在“基本属性”页选择“显示输出”。

（4）在“显示输出”页设置：

- 表达式：H1。
- 输出值类型：数值量输出。
- 整数位数：2。
- 小数位数：1。

其余不变。系统运行时，字符“####”将显示水位 1 的实际值。

（5）利用“标签”工具在字符“####”后面加上“m”，代表水位单位，调整大小及位置。

（6）用同样方法在罐 2 旁添加“####”，与 H2 进行显示输出动画连接。

（7）在罐 2 旁“####”后面加上“m”，代表水位单位，调整大小及位置。

（8）存盘，进入运行环境。发现两个“####”都显示 0.0。

（9）将光标移至水位 1 滑动输入块的指针处，光标变成手形，按住左键向右拖动指针，水位指示随之发生变化。用这种方法可以人为模拟水位变化。

3．水位升降动画效果的制作

（1）在水位监控画面中双击罐 1，弹出“单元属性设置”窗口，进入“动画连接”页，如图 4-18（a）所示。

（2）选中“折线”，右端出现>。

（3）单击>进入属性设置窗口。在“大小变化”页按图 4-18（b）所示进行属性设置。

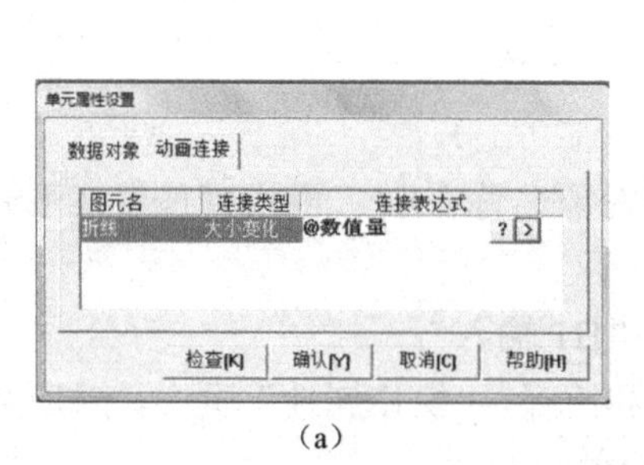

（a）

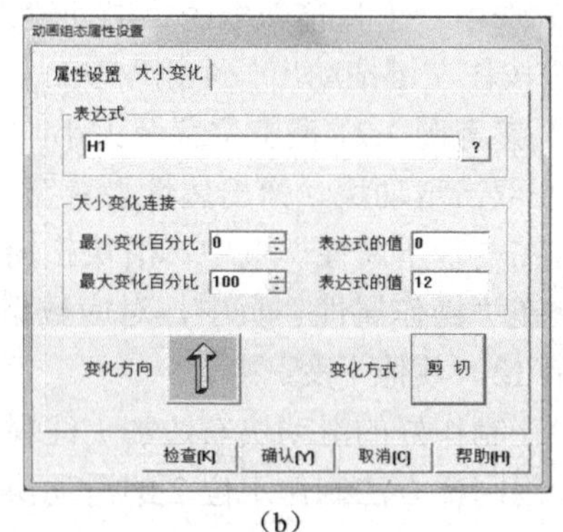

（b）

图 4-18　对水罐 1 进行大小变化动画连接

（4）单击“确认”按钮，完成罐 1 设置。

（5）用同样方法建立罐 1 与变量 H2 之间的动画连接。注意设置参数，表达式：H2；最大变化百分比为 100 时，对应表达式的值：8。

（6）单击“保存”按钮。

（7）进入运行环境，拖动水位滑动器指针，可观察到水罐水位升降变化的动画效果。

4．水泵、阀门的通断效果

（1）双击水泵，弹出“单元属性设置”窗口。

（2）单击“动画连接”选项卡，进入该页，如图 4-19（a）所示，在“图元名”列出现 1 个矩形和 1 个组合图符。

（3）选中“矩形”，右端出现“？”和“＞”按钮。

（4）单击“？”按钮，弹出“对象列表”窗口，选择变量“水泵”。

（5）选中“组合图符”，右端出现“？”和“＞”按钮。

（6）单击“？”按钮，弹出“对象列表”窗口，选择变量“水泵”。

（7）单击“保存”按钮。

（8）进入运行环境，水泵中间的矩形为红色，表明水泵没开（初值为 0）。

（9）将光标移至红色矩形处附近，光标变成手掌形，单击左键，矩形变为绿色，表明水泵开始工作。

（10）罐 2 进水阀通断效果的设置与水泵设置类似，双击“罐 2 进水阀”，弹出“单元属性设置”窗口，如图 4-19（b）所示。图中包含 3 个图元，需要分别设置其动画连接。首先选中排列第 1 位的“组合图符”，右端出现“？”和“＞”按钮，单击“？”按钮，弹出“对象列表”窗口，选择变量“罐 2 进水阀”。然后，用同样的方法设置另外两个“折线”图元。

（11）罐 2 出水阀通断效果的设置与罐 2 进水阀设置类似，双击“罐 2 出水阀”，弹出“单元属性设置”窗口，如图 4-19（c）所示。图中包括 3 个“组合图符”图元，要分别设置其动画连接，具体方法参见步骤（10）。

（12）单击“保存”按钮。

（13）进入运行环境，2 个阀门的操作机构均为红色，表明阀门都没打开（初值为 0）。

（14）将光标移至红色操作机构附近，光标变成手掌形，单击左键，操作机构变为绿色，表明阀门已打开。

5．流动块的流动效果

（1）双击水泵和罐 1 之间的流动块，弹出“流动块构件属性设置”窗口，按图 4-20（a）所示设置。

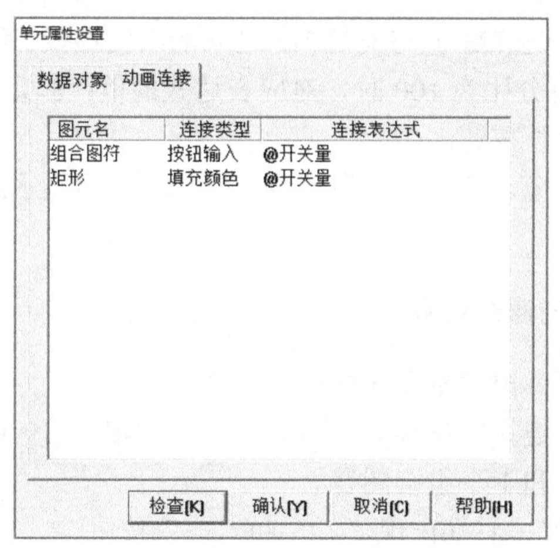

（a）对水泵进行动画连接

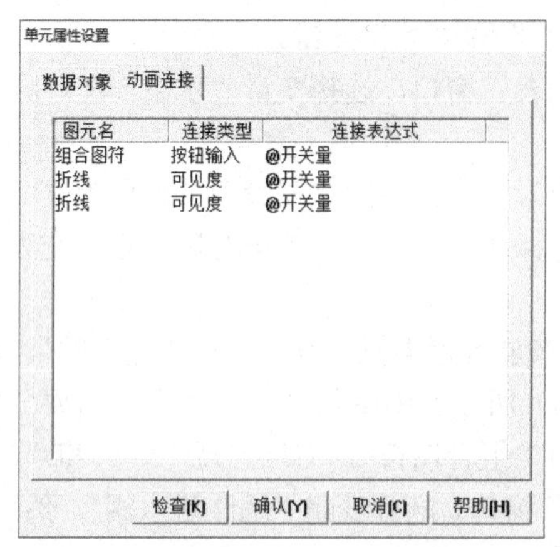

（b）对罐 2 进水阀进行动画连接

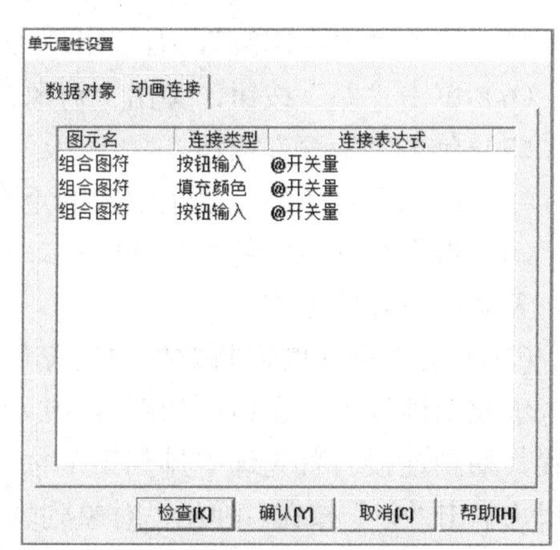

（c）对罐 2 出水阀进行动画连接

图 4-19　对水泵和罐 2 进、出水阀进行动画连接

（2）双击罐 1 和罐 2 之间的流动块，弹出属性设置窗口，按图 4-20（b）所示设置。

（3）双击罐 2 和出水阀之间的流动块，弹出属性设置窗口，按图 4-20（c）所示设置。

注意：不要进行可见度连接。

（4）保存后进入运行环境，操作水泵、罐 2 进水阀和出水阀，观察流动块的流动效果。如果流动方向有问题，应回到组态环境，在基本属性页中修改流动方向设置。基本属性页还可改变流动块颜色，如图 4-20（d）所示（彩色效果见电子课件）。

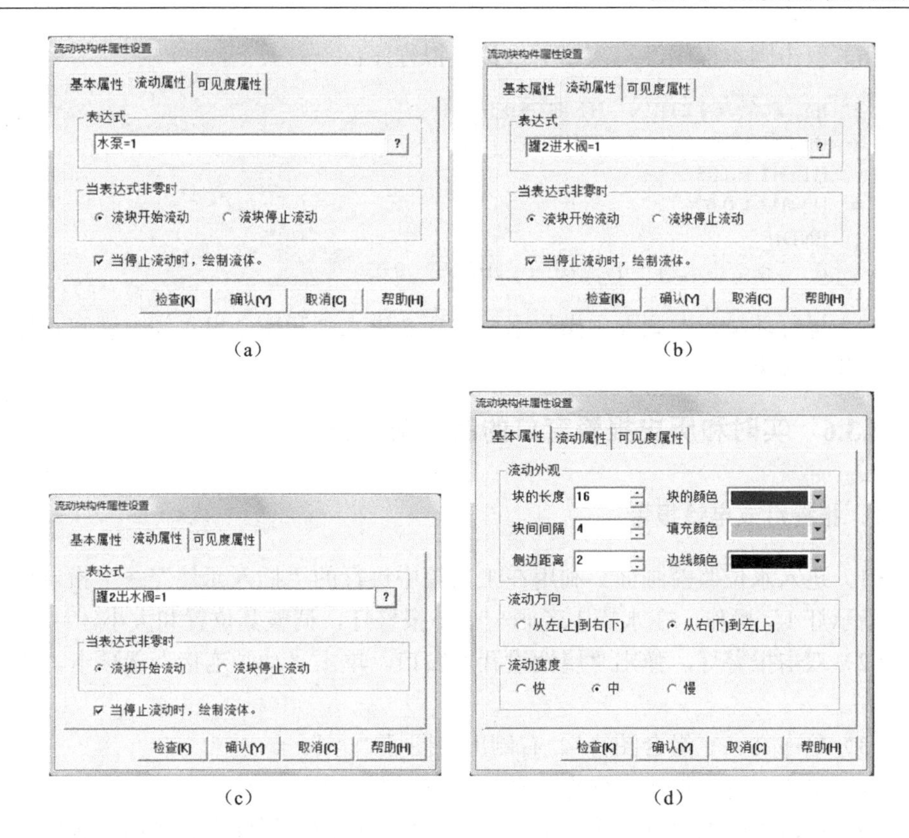

图 4-20　流动块流动效果设置

4.3.5　水位对象的模拟

为了更好地对水位进行模拟，可在脚本程序中加入几条模拟语句。设水罐对象特性如下：

- 水泵打开时，H1 每 200ms 上升 0.1m。
- 罐 2 进水阀打开时，H1 每 200ms 下降 0.05m、H2 每 200ms 上升 0.07m。
- 罐 2 出水阀打开时 H2 每 200ms 下降 0.03m。

水位特性模拟程序的添加步骤如下：

（1）进入运行策略窗口。

（2）选中循环策略，单击鼠标右键，进行属性设置，设置循环策略执行时间为 200ms。

（3）双击循环策略，进行循环策略组态。

（4）单击新增策略行按钮，增加一条策略。

（5）在策略工具箱选择脚本程序，添加到策略行。

（6）双击脚本程序，写入如下水位模拟程序：

```
IF  水泵 =1 THEN  H1=H1+ 0.1
IF  罐 2 进水阀 =1  THEN
H1=H1 - 0.05
H2=H2 + 0.07
ENDIF
IF  罐 2 出水阀 =1  THEN  H2=H2- 0.03
```

进入运行环境，在画面中操作水泵、罐 2 进水阀和罐 2 出水阀，观察水位随操作变化的效果。

4.3.6 实时和历史报警窗口的制作与调试

1．报警灯或电铃报警

（1）进入水位监控画面。利用在工具箱中进行的“插入元件”→“指示灯”→“指示灯 1”操作，在水罐 1 旁画一个小报警灯，调整其位置和大小。

（2）双击报警灯，弹出“属性设置”窗口。单击“动画连接”选项卡，进入该页。

（3）单击文字“组合图符”，右侧出现图标“＞”。

（4）单击“＞”按钮，弹出“动画组态属性设置”窗口。

（5）单击“属性设置”选项卡，进入该页，选择“闪烁”和“填充颜色”。

（6）进入“填充颜色”设置页，按图 4-21 所示设置。

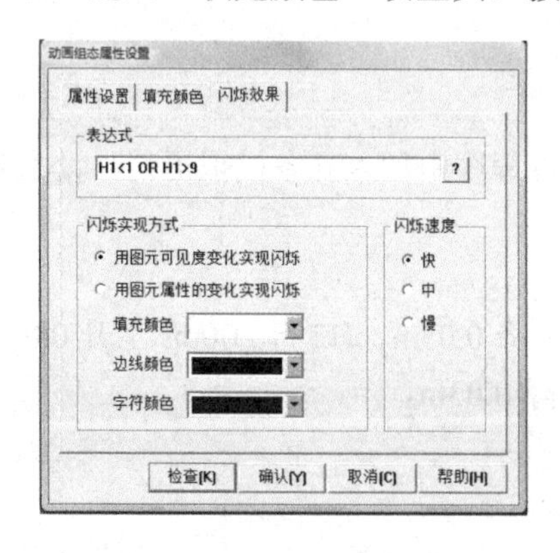

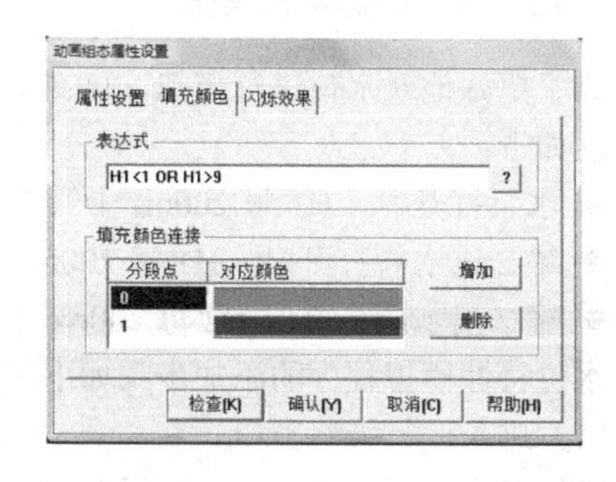

图 4-21　H1 报警灯设置

（7）进入“闪烁效果”设置页，按图 4-21 所示设置。

（8）复制该报警灯到水罐 2 旁。双击该灯进行属性设置，将填充颜色和闪烁效果表达式改为：

```
H2<1  OR  H2>6
```

（9）保存后进入运行环境观察效果。

说明：如采用电铃报警，读者可参考上述报警灯的内容自行完成。

2．实时报警

以上报警方式比较简单，实践时也可以实时报警或历史报警窗口形式进行报警。运行过程中实时报警窗口的显示效果如图 4-22 所示，可以看出，其报警内容比较丰富。

时间	对象名	报警类型	报警事件	当前值	界限值	报警描述
04-20 02:34:10	H1	下限报警	报警结束	1	1	罐1水位低于下限
04-20 02:34:14	H2	下限报警	报警产生	0.07	1	罐2水位低于下限!!
04-20 02:34:17	H2	下限报警	报警结束	1.02	1	罐2水位低于下限!!
04-20 02:34:17	H2	下限报警	报警产生	0.99	1	罐2水位低于下限!!
04-20 02:34:17	H2	下限报警	报警结束	1.06	1	罐2水位低于下限!!

图 4-22　实时报警窗口的运行效果

实时报警窗口制作方法如下：

（1）对变量 H1、H2 进行报警属性的设置：

① 进入实时数据库，双击数据对象“H1”。

② 选中“报警属性”标签。

③ 选中“允许进行报警处理”，报警设置域被激活。

④ 勾选“下限报警”，报警值设为“1”；报警注释：“罐 1 水位低于下限”。如图 4-23（a）所示。

⑤ 勾选“上限报警”，报警值设为“9”；报警注释：“罐 1 水位高于上限”。如图 4-23（b）所示。

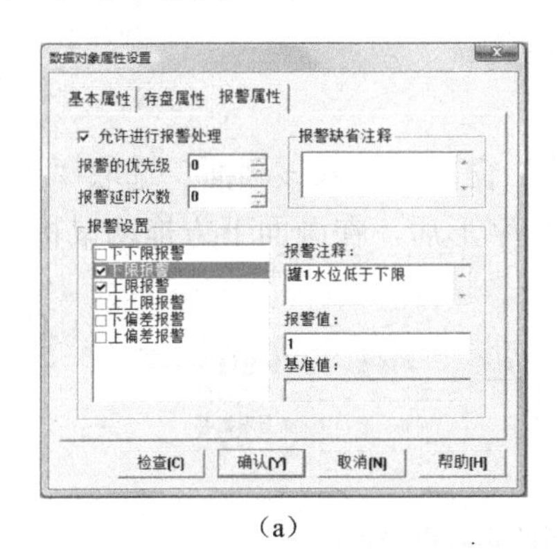

（a）

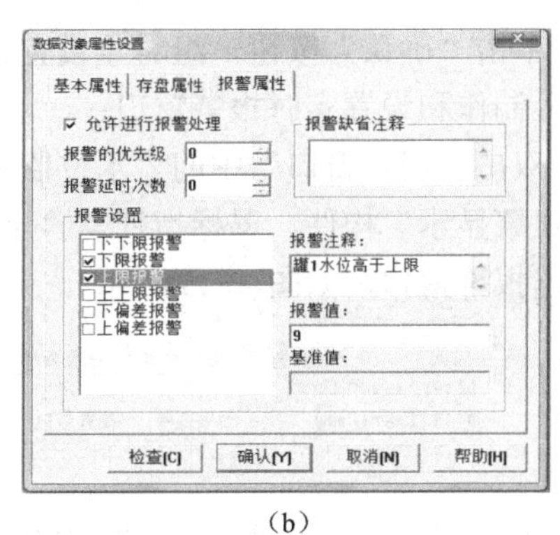

（b）

图 4-23　变量 H1 报警属性设置

⑥ 单击“确认”按钮，“H1”报警属性设置完毕。

⑦ 同理设置“H2”的报警属性。要改动的设置为：

下限报警——报警值设为“1”，报警注释：“罐 2 水位低于下限”。

上限报警——报警值设为“6”，报警注释：“罐 2 水位高于上限”。

（2）将 H1、H2 放在一个组里：

① 进入实时数据库，单击“新增对象”按钮，增加一个数据对象。

② 双击该对象，弹出属性设置窗口。

③ 在对象“基本属性”页设置对象名为“水位组”，类型为“组对象”，如图 4-24（a）所示。

④ 单击“组对象成员”选项卡，进入“组对象成员”页。

⑤ 在左边数据对象列表中选择“H1”，单击“增加”按钮，数据对象“H1”被添加到右边的“组对象成员列表”中。按照同样的方法将“H2”添加到组对象成员中，如图 4-24（b）所示。

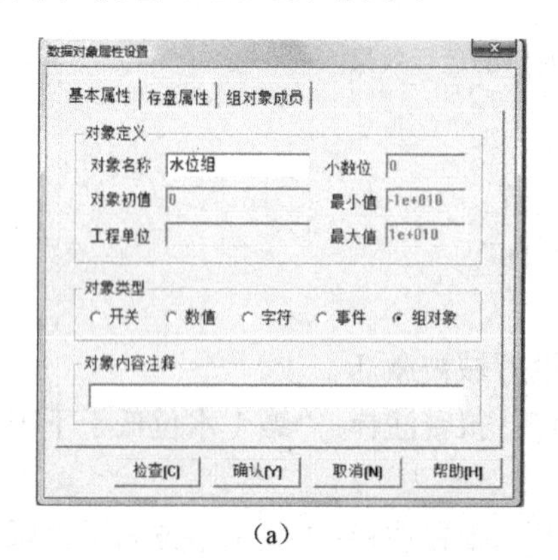

（a）

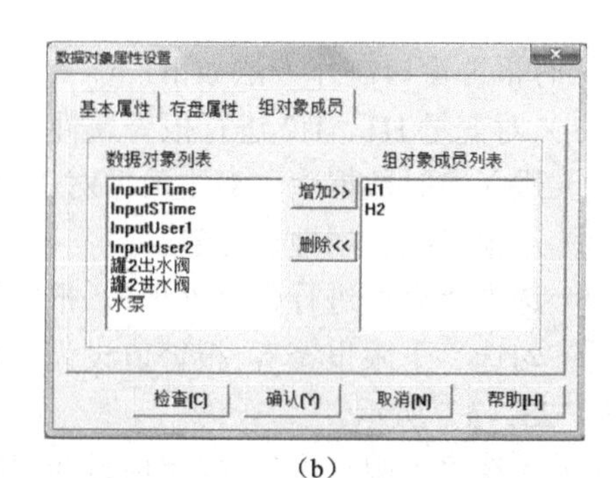

（b）

图 4-24 “水位组”对象的建立

⑥ 单击“确认”按钮，组对象设置完毕。

（3）制作和设置实时报警窗口：

① 双击“用户窗口”中的“水位监控”窗口，进入该画面。选取“工具箱”中的“报警显示”构件。鼠标指针呈“十”字形后，在画面下方拖动鼠标至适当大小画出报警窗口，如图 4-25 所示。

时间	对象名	报警类型	报警事件	当前值	界限值	报警描述
04-19 22:48:44	Data0	上限报警	报警产生	120.0	100.0	Data0上限报警
04-19 22:48:44	Data0	上限报警	报警结束	120.0	100.0	Data0上限报警
04-19 22:48:44	Data0	上限报警	报警应答	120.0	100.0	Data0上限报警

图 4-25 组态环境下的实时报警窗口

② 双击报警窗口，弹出属性设置窗口。

③ 在“基本属性”页中，将对应的数据对象的名称设为“水位组”；最大记录次数设为“6”。如图4-26所示。

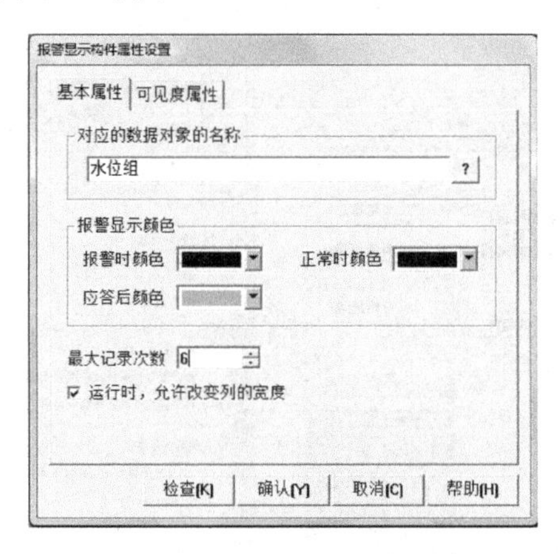

图4-26　报警窗口属性设置

④ 单击“确认”按钮。

⑤ 进入运行环境，操纵H1和H2滑动块或水泵、罐2进水阀和罐2出水阀，改变水位，观察报警窗口内容是否正确。

3. 历史报警

（1）在实时数据窗口将变量H1、H2的保存属性设置为“自动保存产生的报警信息”。

（2）新增一用户策略，名为“历史报警”：

① 在“运行策略”窗口中，单击“新建策略”按钮，弹出“选择策略的类型”对话框。如图4-27（a）所示。

② 选中“用户策略”，单击“确定”按钮，策略窗口增加了一条策略，名为“策略1”，如图4-27（b）所示。

③ 选中“策略1”，单击“策略属性”按钮，弹出“策略属性设置”窗口，在策略名称输入框中输入“历史报警”，单击“确认”按钮。“策略1”更名为“历史报警”。

④ 双击“历史报警”策略，进入策略组态窗口。

⑤ 单击工具条中的“新增策略行”图标，新增一个策略行。

⑥ 从“策略工具箱”中选取“报警信息浏览”，加到策略行上，如图4-28所示。

如果“策略工具箱”中没有“报警信息浏览”，请通过执行菜单命令“工具”→“策略构件管理”→“可选策略构件”→“通用策略构件”找到“报警信息浏览”，单击“增加”按钮，将它添加到“选定策略构件”中，如图 4-29（a）所示。

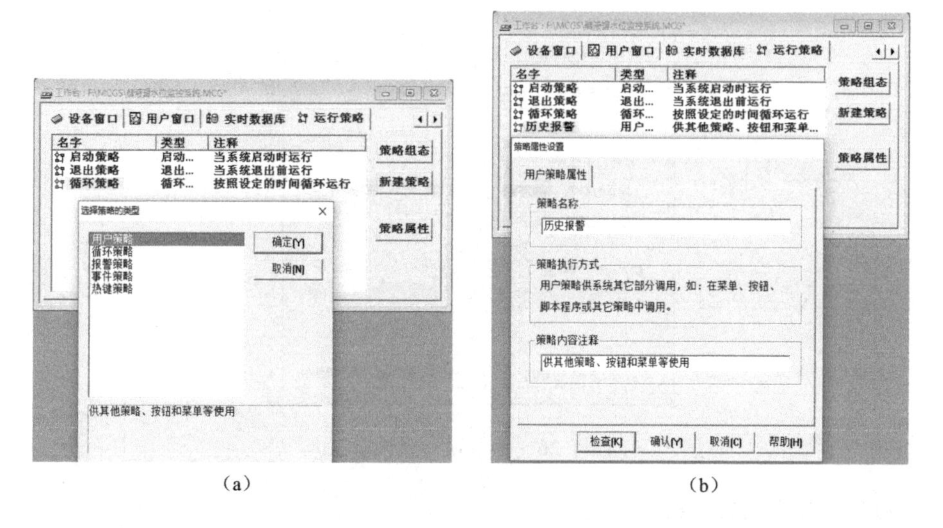

（a）　　　　　　　　　　　　　　（b）

图 4-27　历史报警策略的建立

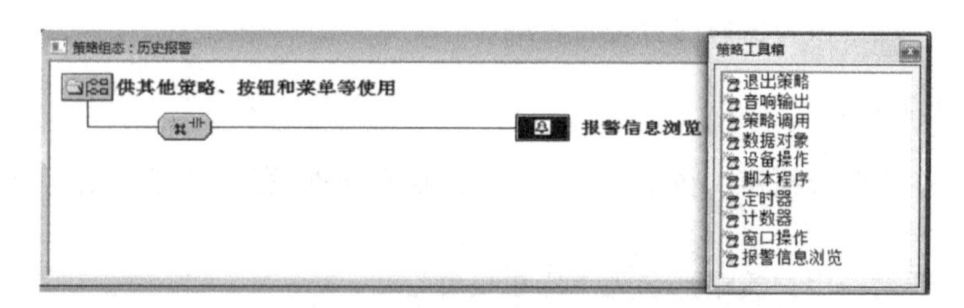

图 4-28　“报警信息浏览”策略的建立

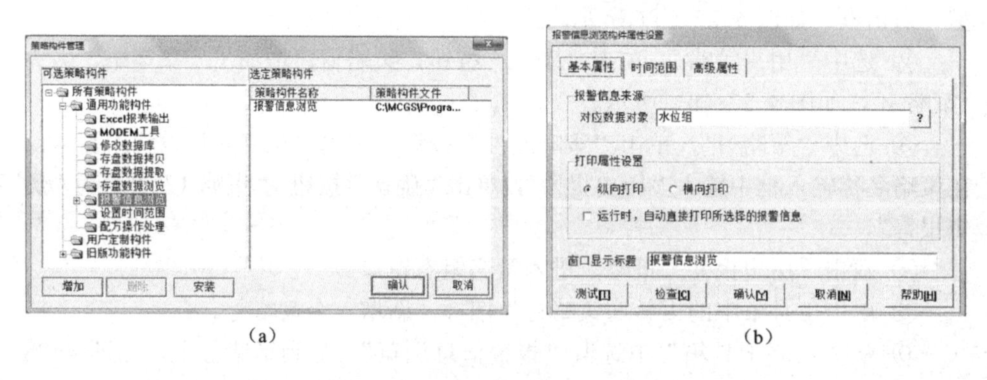

（a）　　　　　　　　　　　　　　（b）

图 4-29　将“报警信息浏览”策略构件添加到选定策略

⑦ 双击“报警信息浏览”图标，弹出“报警信息浏览构件属性设置”窗口。

进入基本属性页，将“报警信息来源”中的“对应数据对象”改为“水位组”，如图 4-29（b）所示，单击“确认”按钮。

（3）新增一菜单项，名为“历史报警”，建立“历史报警”菜单和策略之间的关系：

① 在 MCGS 工作台上单击“主控窗口”。

② 单击“菜单组态”进入“菜单组态”窗口。

③ 单击工具条中的“新增菜单项”图标，会产生“操作 0”菜单，如图 4-30 所示。

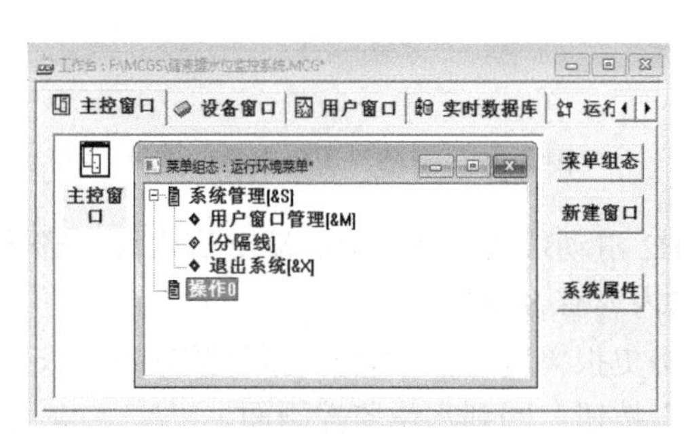

图 4-30　新增菜单“操作 0”

④ 双击“操作 0”项，弹出“菜单属性设置”窗口，如图 4-31 所示，进行如下设置：在“菜单属性”页中，将菜单名改为“历史报警”；在“菜单操作”页中，选中“执行运行策略块”，并从下拉式菜单中选取“历史报警”。

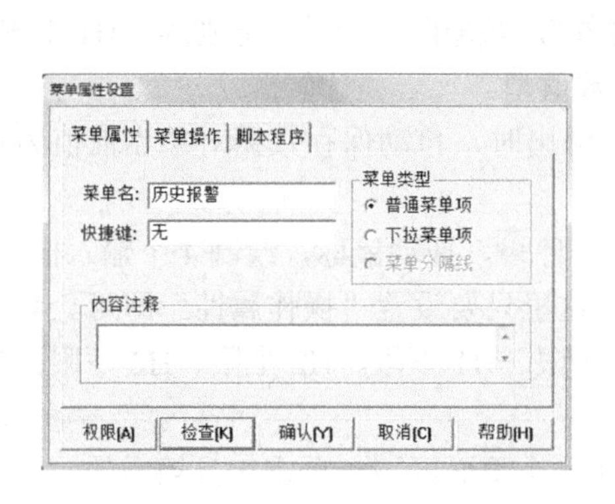

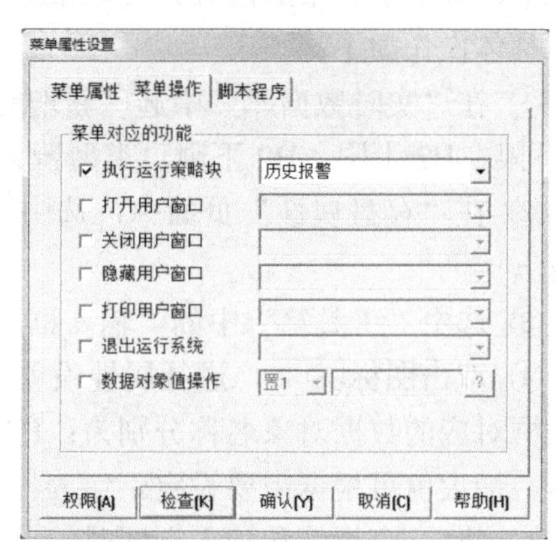

图 4-31　新增菜单基本属性和操作属性设置

⑤ 单击“确认”按钮，主控窗口菜单组态页将出现“历史报警”菜单，如图 4-32 所示。

⑥ 进入运行环境，看到菜单项除了原来的“系统管理”，又增加了一个“历

史报警”项。

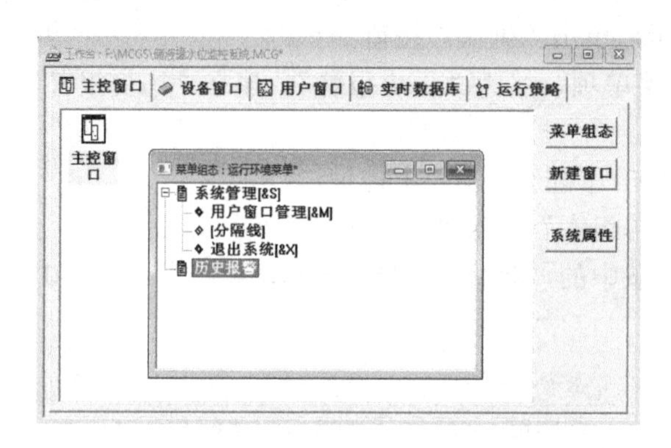

图 4-32 新增“历史报警”菜单

⑦ 操作 H1 和 H2 滑动块或操作水泵、罐 2 进水阀和罐 2 出水阀，观察水位改变时实时报警窗口内容有否变化。

⑧ 单击菜单“历史报警”，将弹出历史报警数据窗口。

⑨ 单击“退出”按钮，回到水位监控画面。

4. 报警极限值的修改

在实时数据库中，H1、H2 的上下限报警值都定义好了，如果用户想在运行环境下根据实际情况随时改变报警上下极限值，又该如何实现呢？在 MCGS 组态软件中，提供了大量的函数，可以根据需要灵活地运用。

具体操作如下：

① 在“实时数据库”中选“新增对象”，增加四个变量，分别为：H1 上限、H1 下限、H2 上限、H2 下限，类型皆为数值型。

② 在“存盘属性”页面中，选中“退出时，自动保存数据对象当前值为初始值”。

③ 选中“工具箱”中的“输入框”构件 abl，拖动鼠标，绘制 4 个输入框。

④ 双击图标 输入框，进行属性设置，这里只要设置“操作属性”即可。4 个输入框对应的数据对象名称分别为：H1 上限、H1 下限、H2 上限、H2 下限；最小值、最大值可根据需要设定。

⑤ 将 4 个标签和输入框同时绘制在一个平面区域。单击工具箱中的“常用符号”构件，弹出常用图符窗口；单击“凹槽平面”图标，移动鼠标，画矩形将 4 个标签和输入框框在里面；如果平面挡住了标签和输入框，选中该平面，单击工具条中的“置于最后面”图标即可。

从 MCGS 组态软件的“工作台”进入“运行策略”窗口，在“运行策略”中双击“循环策略”，再双击“脚本程序”，进入编辑环境，在脚本程序中增加如下语句：

```
!SetAlmValue(H1,H1 上限,3)
!SetAlmValue(H1,H1 下限,2)
!SetAlmValue(H2,H2 上限,3)
!SetAlmValue(H2,H2 下限,2)
```

保存修改设置，进入运行环境调试。如果不满意，重新修改设定值，调试至满意为止。

4.3.7　实时和历史报表的制作与调试

1．最终效果图

组态环境下报表输出效果如图 4-33 所示，包括：

1 个标题——水位监控系统报表显示。

2 个注释——实时报表、历史报表。

2 个报表——实时报表、历史报表。

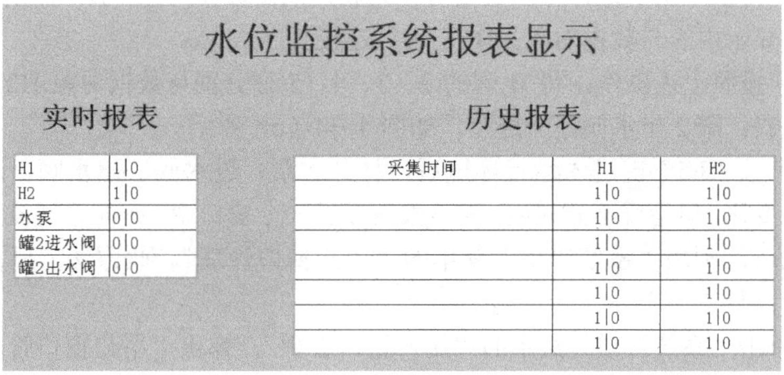

水位监控系统报表显示

实时报表

H1	1|0
H2	1|0
水泵	0|0
罐2进水阀	0|0
罐2出水阀	0|0

历史报表

采集时间	H1	H2
	1|0	1|0
	1|0	1|0
	1|0	1|0
	1|0	1|0
	1|0	1|0
	1|0	1|0
	1|0	1|0

图 4-33　报表画面

2．实时报表

（1）在“用户窗口”中新建一个窗口，名称和标题均为“数据报表”。

（2）双击“数据报表”窗口，进入动画组态。

（3）按照效果图，使用“标签”构件制作 1 个标题：水位监控系统报表显示；2 个注释：实时报表、历史报表。

（4）选取“工具箱”中的“自由表格”图标，绘制一个表格。

（5）双击表格进入编辑状态。

（6）保持编辑状态。单击鼠标右键，从弹出的下拉菜单中选取“删除一列”选项，连续操作两次，删除两列。再选取“增加一行”，在表格中增加一行，形成5行2列表格。

（7）双击A列的第1个单元格，光标变成“|”形，输入文字“H1”，同样方法在A列其他单元格中分别输入“H2”、“水泵”、“罐2进水阀”、“罐2出水阀”。

（8）B列的五个单元格中分别输入：“1|0”或“0|0”。如图4-34（a）所示。

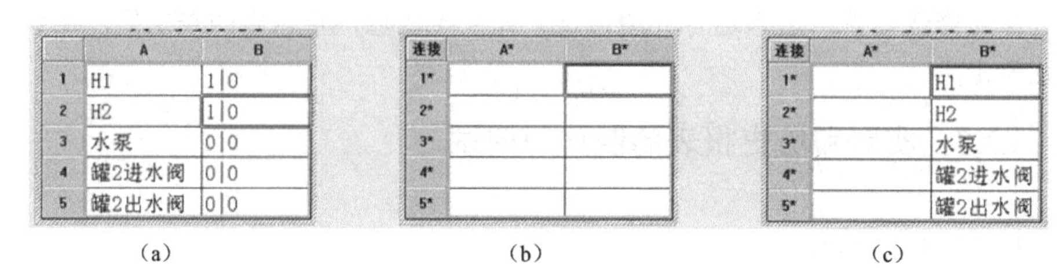

（a）　　　　（b）　　　　（c）

图4-34　制作并连接实时报表

（9）在B列中，选中H1对应的单元格，单击右键。从弹出的下拉菜单中选取“连接”项，实时报表变成如图4-34（b）所示。

（10）再次单击右键，弹出数据对象列表，双击数据对象“H1”，则将B列1行单元格显示内容与数据对象“H1”进行连接。

（11）按照上述操作，将B列的2、3、4、5行分别与数据对象H2、水泵、罐2进水阀、罐2出水阀建立连接，如图4-34（c）所示。

（12）按“F5”键进入运行环境后，打开水泵、进水阀、出水阀，画面中的水位开始变化，但是看不到报表。因为报表在另一个窗口中。如何看到该窗口呢？

方法一：利用“系统管理”菜单的“用户窗口管理”。此方法需要在运行环境下进行：

① 单击“系统管理”菜单的“用户窗口管理”，弹出“用户窗口管理”对话框，如图4-35（a）和（b）所示。

② 勾选“数据报表”，单击确定，即可进入该窗口，如图 4-35（c）所示，可以看到实时报表中的数据有显示且随水位变化。

方法二　利用主控窗口，增加一个菜单。具体方法与“历史报警”菜单相同，如图4-36所示。

① 在组态环境下，进入“主控窗口”中，单击“菜单组态”，增加一个名为“数据报表”的菜单，菜单操作应设置为：打开用户窗口→数据报表。

② 确定后按“F5”键进入运行环境，打开水泵、进水阀、出水阀，单击菜单项中的“报表显示”，打开“报表显示”窗口，即可看到实时报表。

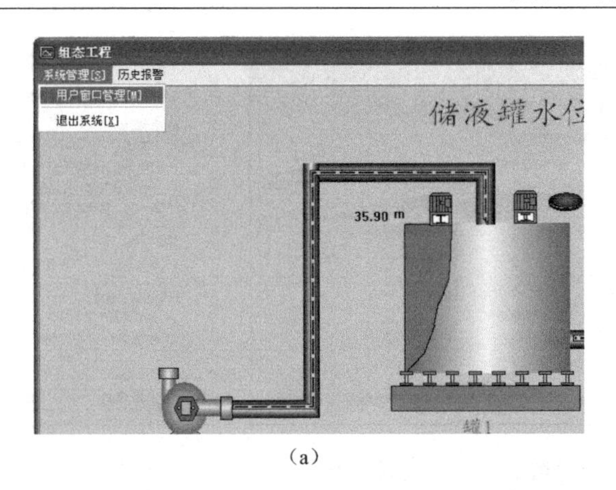

(a)

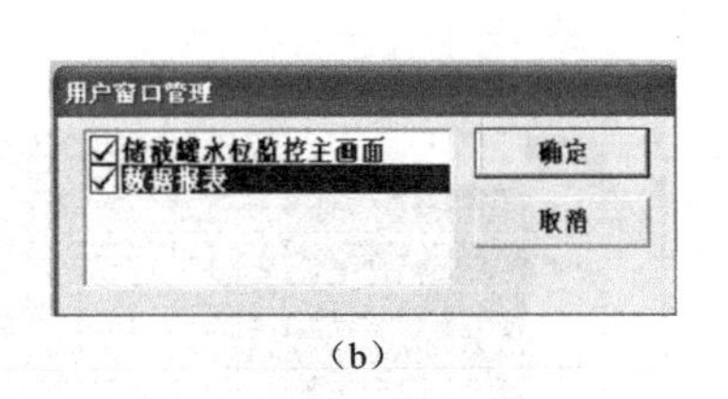

(b)

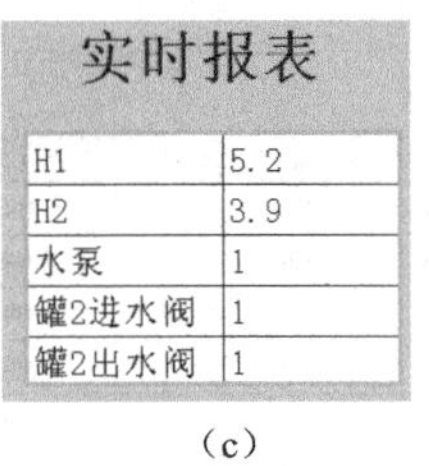

实时报表

H1	5.2
H2	3.9
水泵	1
罐2进水阀	1
罐2出水阀	1

(c)

图 4-35　实时报表的调用方法和显示效果

3．历史报表

历史报表通常用于从历史数据库中提取数据记录，并以一定的格式显示历史数据。实现历史报表功能有三种方式：利用策略构件中的“存盘数据浏览”构件；利用设备构件中的“历史表格”构件；利用动画构件中的“存盘数据浏览”构件。这里仅介绍第 2 种，利用历史表格动画构件实现历史报表。具体方法如下：

（1）分别设置变量 H1、H2、水位组的存盘属性为定时存盘，存盘时间 1 秒，如图 4-37 所示。

（2）在“数据显示”组态窗口中，选取“工具箱”中的“历史表格”构件，在适当位置绘制历史表格。

（3）双击历史表格图标进入编辑状态，使用右键菜单中的“增加一行”、“删除一行”按钮，或者单击其他功能按钮，制作一个 8 行 3 列的表格。

（4）在 R1 行的各个单元格分别输入文字“采集时间”、“H1”、“H2”；在 R2C2～R8C3 各单元格输入“1|0”，如图 4-38（a）所示。

（5）光标移动到 R2C1，单击鼠标左键选中该单元格，然后按下鼠标左键向右下方拖动，将 R2～R8 各行所有单元格都选中，除 R2C1 格外行内所有其他格都变黑，如图 4-38（b）所示。

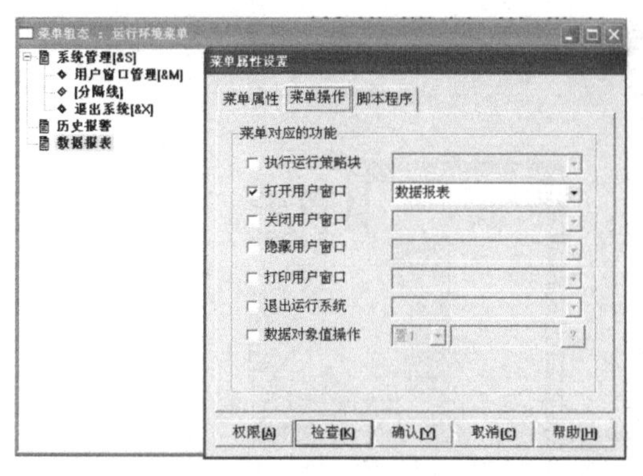

图 4-36　菜单栏增加一个“数据报表”

图 4-37　设置存盘属性

	C1	C2	C3
R1	采集时间	H1	H2
R2		1|0	1|0
R3		1|0	1|0
R4		1|0	1|0
R5		1|0	1|0
R6		1|0	1|0
R7		1|0	1|0
R8		1|0	1|0

（a）

	C1	C2	C3
R1	采集时间	H1	H2
R2		1|0	1|0
R3		1|0	1|0
R4		1|0	1|0
R5		1|0	1|0
R6		1|0	1|0
R7		1|0	1|0
R8		1|0	1|0

（b）

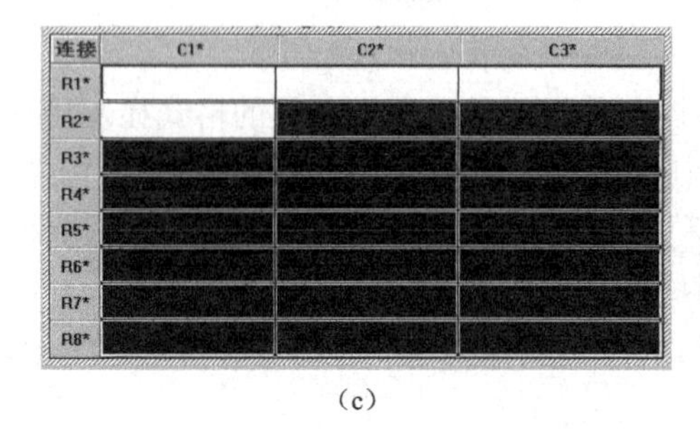

（c）

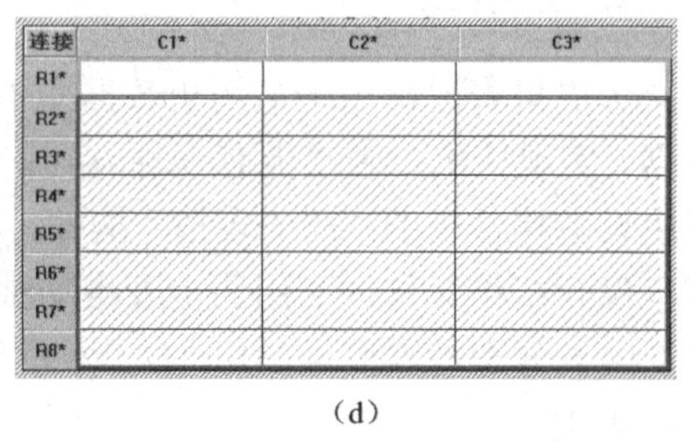

（d）

图 4-38　历史表格的制作

（6）单击鼠标右键，选择“连接”选项，历史报表变成如图 4-38（c）所示。

（7）单击菜单栏中的“表格”菜单，选择“合并表元”项，所选区域会出现反斜杠条纹，如图 4-38（d）所示。

（8）双击该区域，弹出“数据库连接设置”对话框，具体设置如图 4-39 所示。

（9）存盘，进入运行环境，打开水泵、进水阀、出水阀后，单击菜单项“数据报表”，进入数据显示窗口，观察历史报表显示情况，如图 4-40 所示。

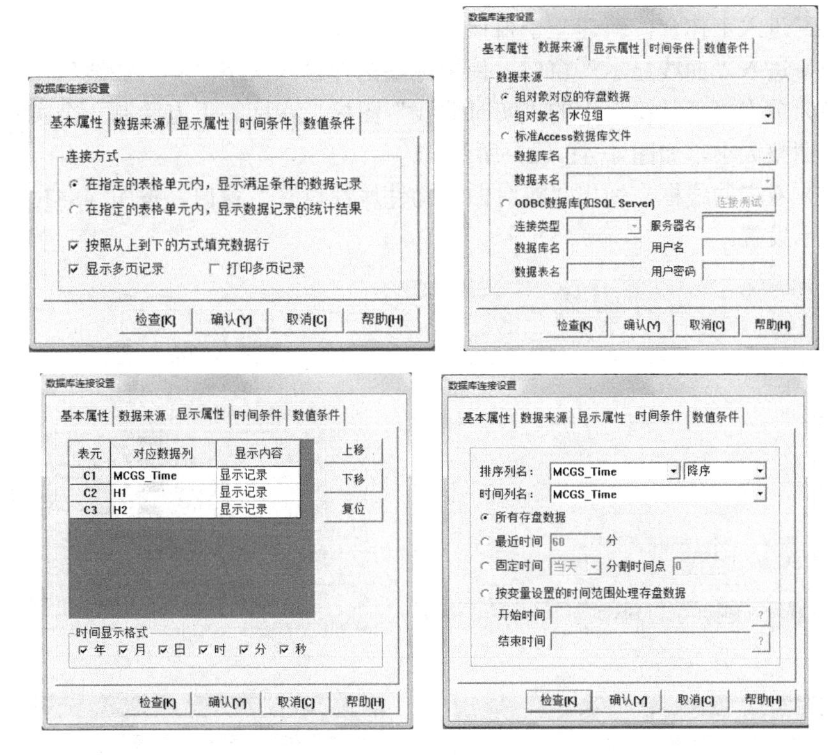

图 4-39　历史报表连接设置

实时报表

H1	2.1
H2	1.9
水泵	1
罐2进水阀	1
罐2出水阀	1

历史报表

采集时间	H1	H2
2016-07-04 23:01:49	1.4	1.4
2016-07-04 23:01:48	1.1	1.2
2016-07-04 23:01:47	0.9	1.0
2016-07-04 23:01:46	0.6	0.8
2016-07-04 23:01:45	0.4	0.6
2016-07-04 23:01:44	0.2	0.3
2016-06-22 23:04:44	3.4	3.3

图 4-40　历史报表显示

4.3.8　实时和历史曲线的制作与调试

1．实时曲线

实时曲线以曲线形式实时显示一个或多个数据对象数值的变化情况。具体制作步骤如下。

（1）进入工作台，新建一个窗口，名为“曲线显示”。

（2）进入“曲线显示”窗口，使用标签构件输入文字“实时曲线”。

（3）单击“工具箱”中的“实时曲线”图标，在标签下方绘制一个实时曲线框，并调整大小，如图 4-41（a）所示。

（4）双击曲线框，弹出“实时曲线构件属性设置”窗口，按图 4-41（b）～（d）所示设置。

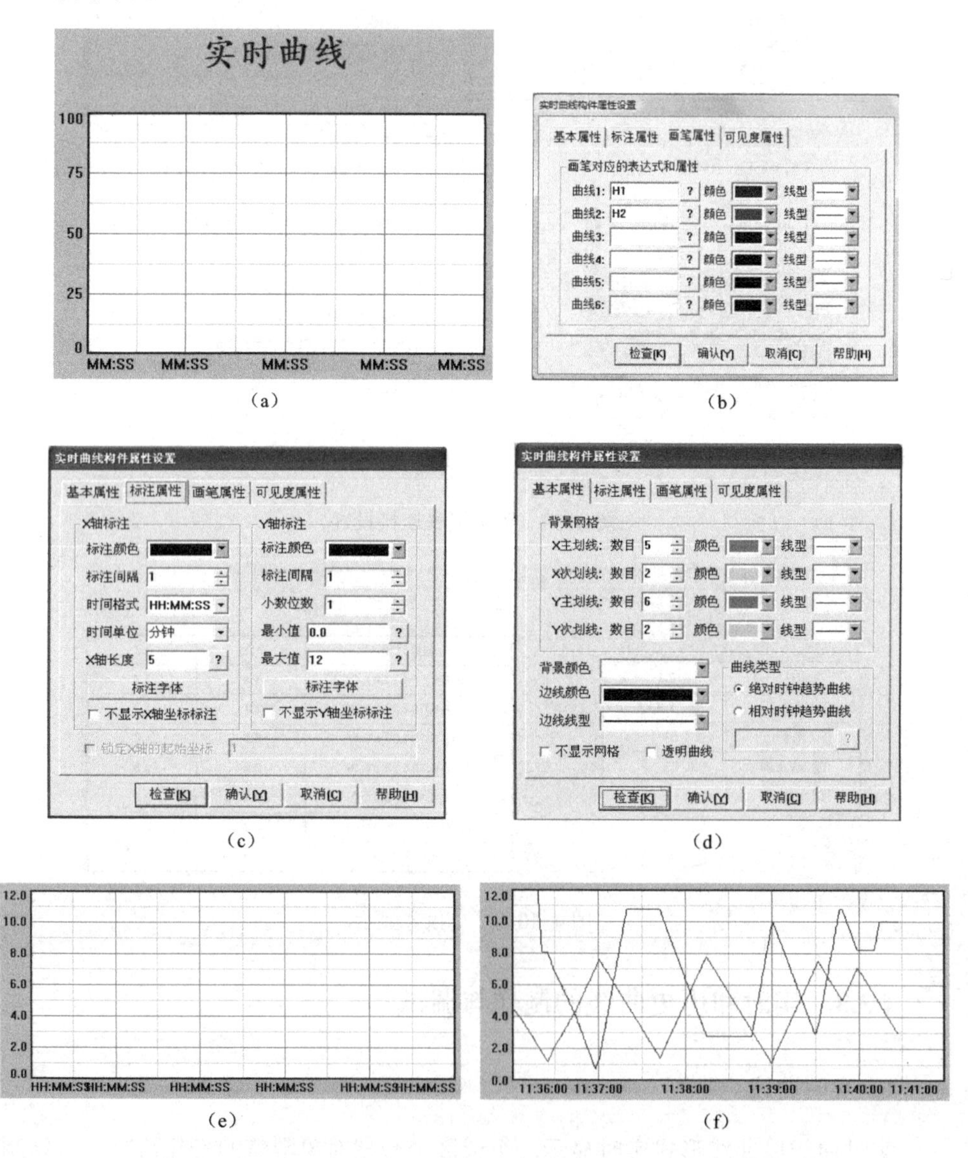

图 4-41 实时曲线的设置

（5）单击“确认”按钮，形成的实时曲线界面如图 4-41（e）所示。

（6）存盘后进入运行环境，操作水泵、进水阀、出水阀后，选择“系统管理”→“用户窗口管理”→“曲线显示”菜单命令，单击“确定”后，就可调出曲线显示窗口，看到实时曲线应如图 4-41（f）所示。

（7）双击该曲线，可放大观察效果。

2．历史曲线

（1）在“曲线显示”窗口中，使用标签构件写入文字“历史曲线”。

（2）在文字下方，使用“工具箱”中的“历史曲线”构件，绘制一个一定大小的历史曲线框，如图 4-42 所示。

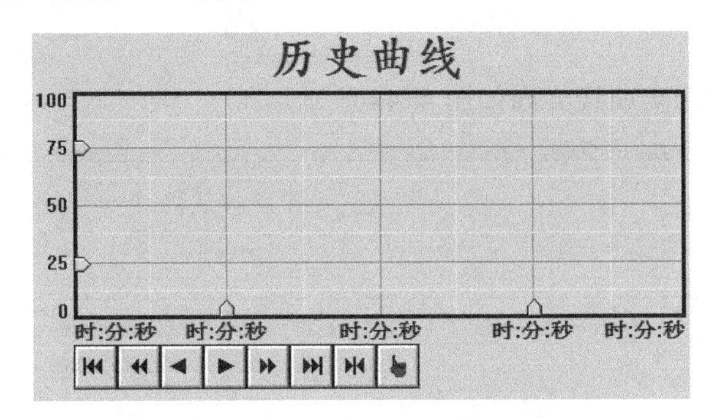

图 4-42　历史曲线

（3）双击该曲线，弹出“历史曲线构件属性设置”窗口，按照图 4-43 所示进行设置。

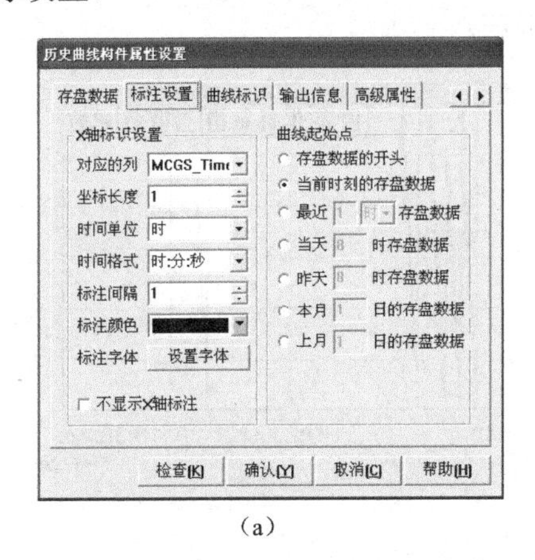

（a）

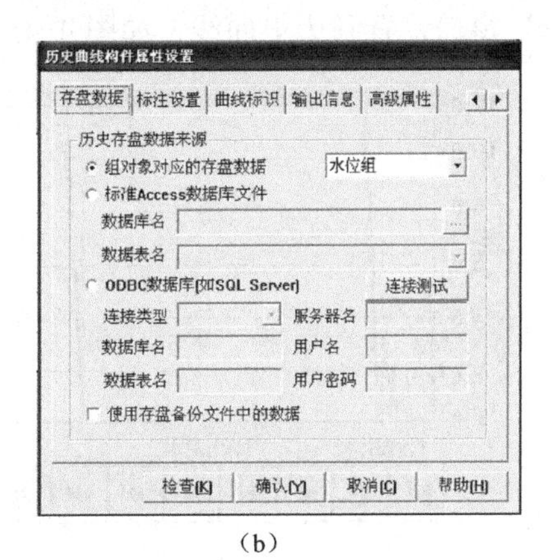

（b）

图 4-43　历史曲线设置

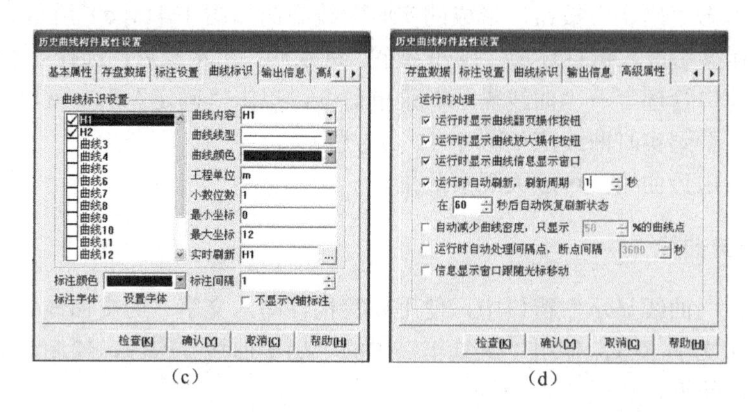

图 4-43　历史曲线设置

（4）生成的历史曲线界面如图 4-44 所示。

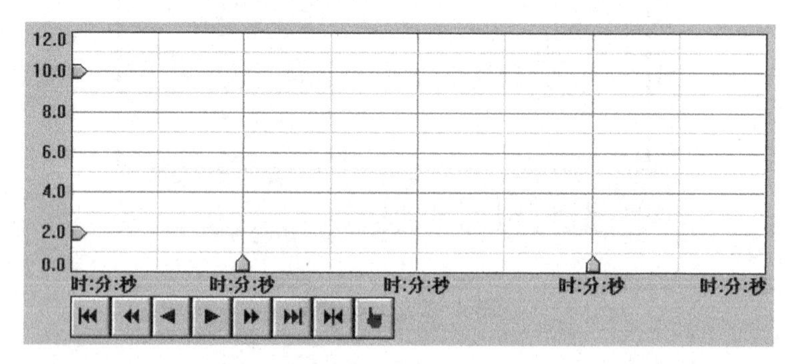

图 4-44　设置后的历史曲线界面

（5）进入运行环境，单击“切换到曲线显示画面”按钮，就可以打开“曲线显示”窗口，看到历史曲线，如图 4-45 所示。

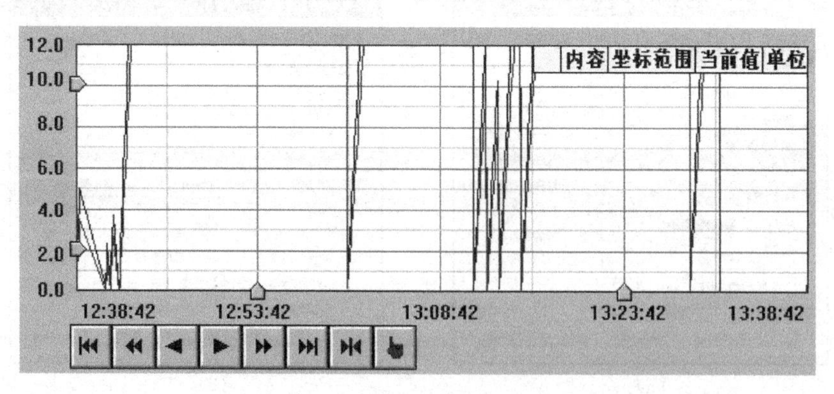

图 4-45　运行环境下的历史曲线显示窗口

历史曲线窗口下方包含了 8 个操作按钮，具体如下所示。

▶|：前进。

|◀：后退。

▶▶：快速前进。

◀◀：快速后退。

▶▶|：前进到当前时刻。

|◀◀：后退到开始时刻。

▶▶|：设置显示曲线的起始时间。

☝：重新进行曲线标识设置。

4.3.9　控制程序的编写与调试

1．以 PCL-818L 为 I/O 接口的水位控制程序

使用 PCL-818L 作为接口设备时，控制程序在 MCGS 中编写，其中“启动按钮”是系统启动信号，为 1 时，进行水位控制；为 0 时，关闭水泵和罐 2 进水阀。程序如下：

```
IF 启动按钮=1 THEN
IF H1 <= H1 下限  THEN  水泵= 1
IF H1 >= H1 上限  THEN  水泵= 0
IF H2 <=H2 下限  THEN  罐 2 进水阀= 1
IF H2 >= H2 上限  THEN  罐 2 进水阀= 0
IF    H2 <= 0.5    THEN
罐 2 出水阀  = 0
ELSE
罐 2 出水阀  = 1
ENDIF
```

2. 水位监控的完整参考程序

```
IF  水泵  = 1    THEN    H1 = H1 + 0.1
IF  罐 2 进水阀  = 1 THEN
H1 = H1 - 0.05
H2 = H2 + 0.07
ENDIF
IF  罐 2 出水阀  = 1    THEN
 H2 = H2 - 0.03
ENDIF

!SetAlmValue(H1,H1 上限,3 )
!SetAlmValue(H1,H1 下限,2 )
```

```
!SetAlmValue(H2,H2 上限,3 )
!SetAlmValue(H2,H2 下限,2 )

IF  H1 <= H1 下限  THEN  水泵 =1
IF  H1  >= H1 上限  THEN 水泵 =0
IF  H2  <= H2 下限 THEN 罐 2 进水阀 =1
IF H2 >= H2 上限 THEN 罐 2 进水阀 =0
IF  H2 <= 0.5  THEN
罐 2 出水阀 =0
ELSE
罐 2 出水阀 =1
ENDIF
```

读者可以根据水位监控的要求，参考以上控制程序，自己编写更好的脚本程序。

3．以 S7-200 PLC 为 I/O 接口的控制程序

使用 S7-200 PLC 时，通常既将其作为接口设备也将其作为现场控制设备。因此控制程序在 PLC 中编写，MCGS 只负责运行监控和修改设定值等工作。PLC 控制程序设计如下：

（1）符号表及 I/O 分配如图 4-46 所示。水位信号 H1 和 H2 经 AIW0 和 AIW2 进入 PLC，PLC 得到的是 6400～32000 的数字量，程序中命名为 H1_D 和 H2_D。经程序处理，数据被还原为水位 H1 和 H2。H1 和 H2 将被送到 MCGS 中供显示、报警、报表输出和曲线显示。水位上、下限在 MCGS 中赋值并送入 PLC。

（2）PLC 程序见前面内容。

			符号	地址	注释
1			H1_D	AIW0	H1，INT型，H1=0~12m时，H1_D=6400~32000
2			H2_D	AIW2	H2，INT型，H2=0~8m时，H2_D=6400~32000
3			水泵	Q0.0	
4			罐2进水阀	Q0.1	
5			罐2出水阀	Q0.2	
6			启动信号	M0.0	
7			H1	VD0	H1，浮点数，水泵控制控制依据，同时要送MCGS显示
8			H2	VD4	H2，浮点数，进水阀和出水阀控制控制依据，同时要送MCGS显示
9			H1下限	VD8	H1下限，浮点数，来自MCGS
10			H1上限	VD12	H1上限，浮点数，来自MCGS
11			H2下限	VD16	H2下限，浮点数，来自MCGS
12			H2上限	VD20	H2上限，浮点数，来自MCGS

图 4-46　S7-200 PLC 符号表及 I/O 分配

任务 4　以 PCL-818L 为接口设备进行软、硬件联调

4.4.1　研祥 PCL-818L 板卡的安装与电路连接

按照图 4-47 所示连接电源、水位变送器、PCLD-880。

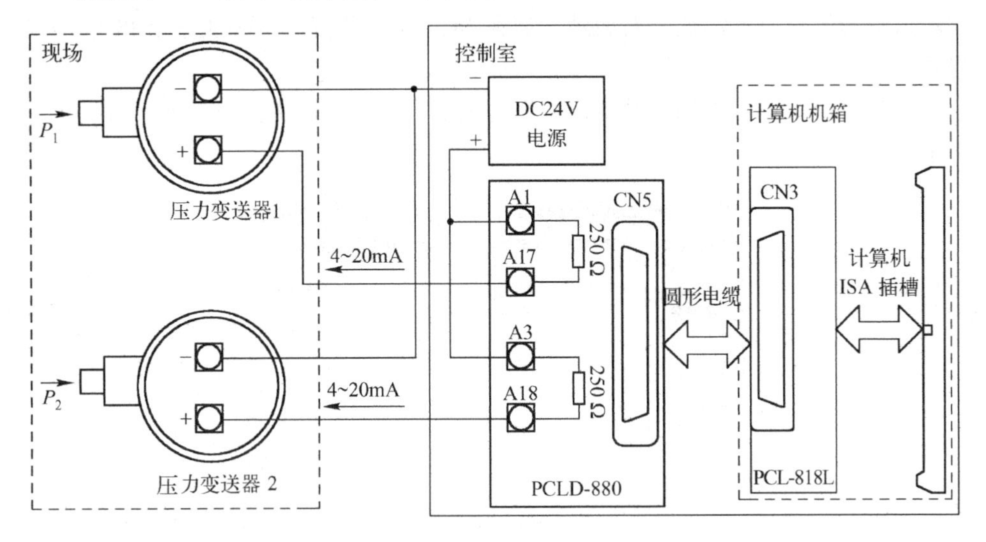

图 4-47　PCL-818L、PCLD-880、扩散硅压力变送器之间的连接电路

按照图 4-48 所示连接电源、水泵接触器、进水电磁阀、出水电磁阀、PCLD-785。

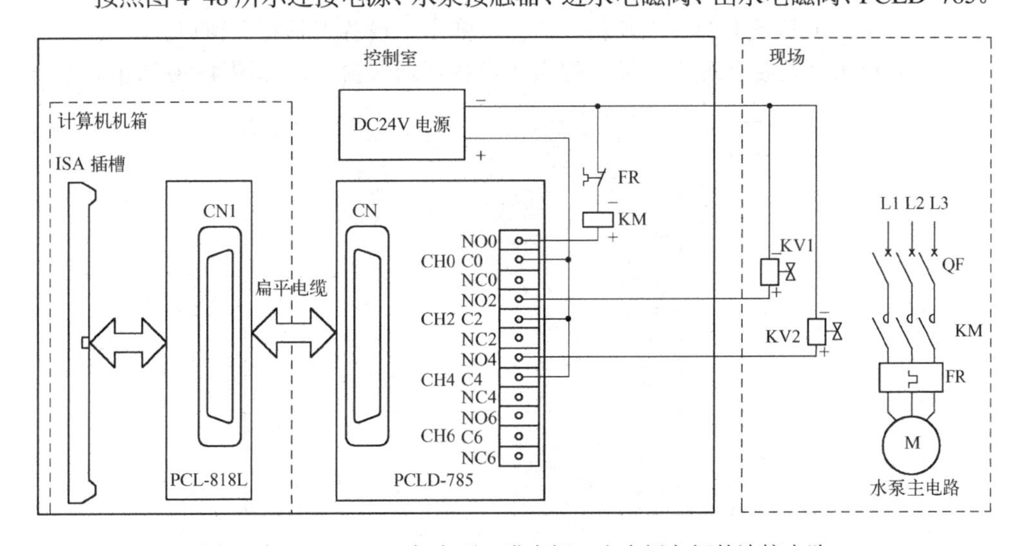

图 4-48　PCL-818L 与水泵、进水阀、出水阀之间的连接电路

4.4.2 在 MCGS 中进行 PCL-818L 设备的连接与配置

连接过程包括添加设备、设置设备属性、调试设备、进行数据处理四部分。

1. 添加设备

添加设备的目的是告诉 MCGS 本系统通过什么接口设备和压力变送器、水泵等输入输出外设进行沟通。对应地，应在 MCGS 设备窗口中添加一个 PCL-818L 设备。

（1）单击工作台中的“设备窗口”选项卡，进入“设备窗口”页，如图 4-49 所示。

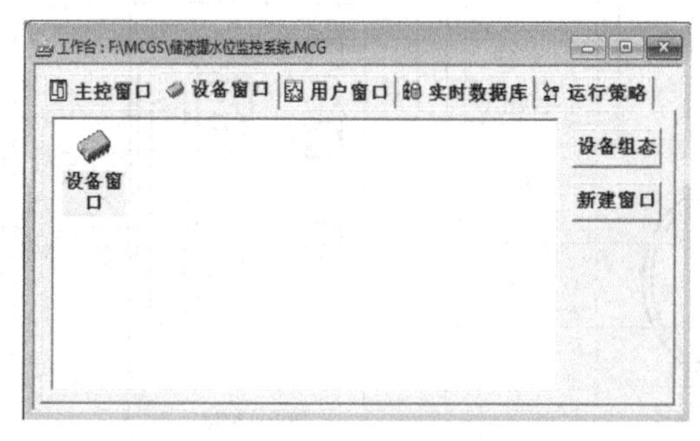

图 4-49 设备窗口

（2）单击“设备组态”按钮，弹出“设备组态”窗口，窗口内为空白，没有任何设备。

（3）单击工具条上的“工具箱”图标，弹出“设备工具箱”窗口。

（4）单击“设备管理”图标，弹出“设备管理”窗口，如图 4-50 所示。

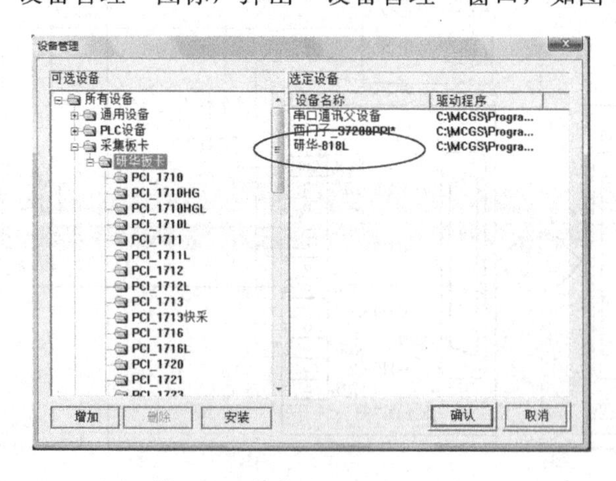

图 4-50 添加 PCL-818L 设备

（5）执行菜单命令“采集板卡”→“研华板卡”→“PCL-818L”，选中“研华-818L”，单击“增加”按钮，该设备被添加到“选定设备”中，如图 4-50 所示。

（6）双击设备工具箱中的“研华-818L”，设备窗口出现该设备，如图 4-51 所示。

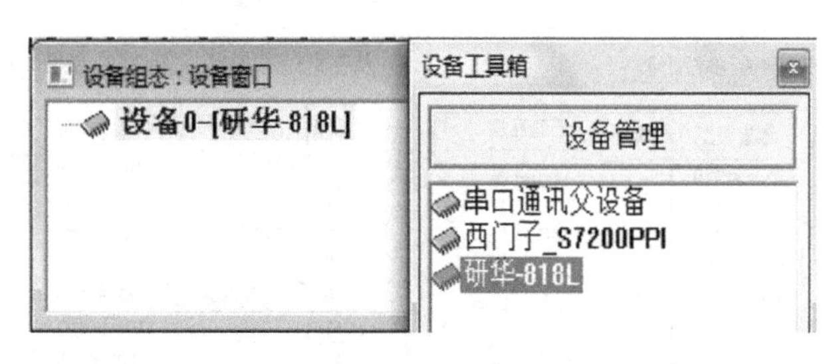

图 4-51　设备工具箱和设备管理窗口

2．设置 PCL-818L 的基本属性

双击“设备窗口”的“设备 0-[研华-818L]”，进入“设备属性设置”窗口。在“基本属性”页按图 4-52 所示进行设置。

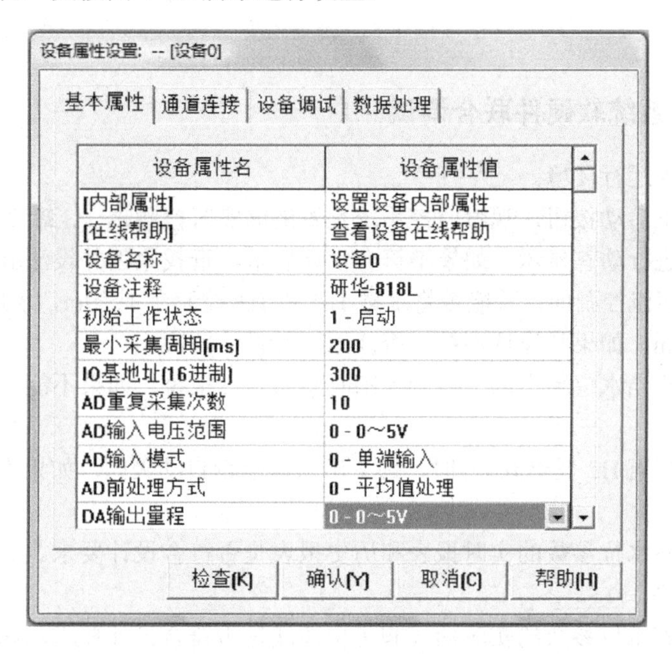

图 4-52　PCL-818L 基本属性设置

3．将 MCGS 变量与 PCL-818L 进行通道连接

单击“通道连接”选项卡，进入“通道连接”设置页，按前面表 4-2 所示的 I/O 分配表进行设置，如图 4-53 所示。

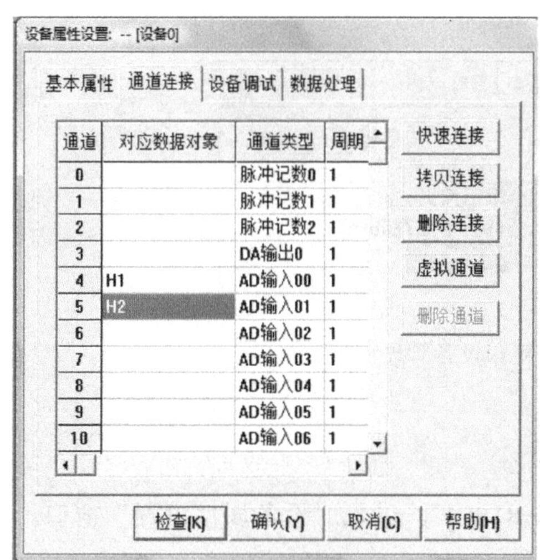

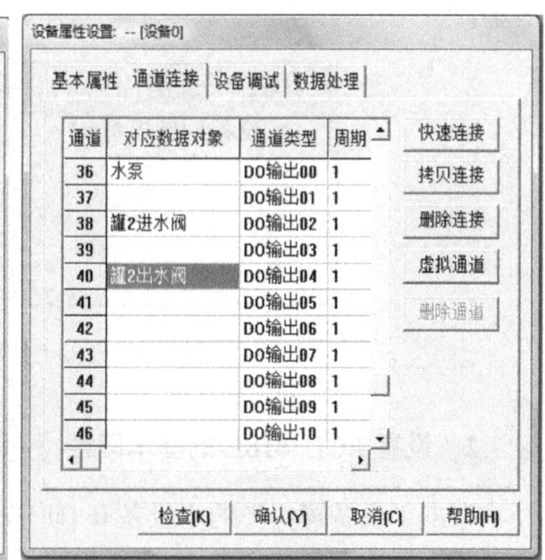

图 4-53 通道连接

4.4.3 系统软硬件联合调试

（1）进入运行环境。

（2）按下启动按钮，观察监控系统是否能够实时检测罐 1、罐 2 中水位，并在计算机中进行动态显示。如果不符合设计要求，查找原因并设法解决。

（3）观察监控画面，看能否将水罐 1 水位 H1 控制在 1～9m，水罐 2 水位 H2 控制在 1～6m。如果与设计不符，查找原因并设法解决。

（4）观察当水位超出以上控制范围时系统是否报警。如果不能，查找原因并解决。

（5）观察当 H2 低于 0.5m 时，罐 2 出水阀能否自动关闭。如果不能，查找原因并解决。

（6）观察水位参数的实时报表和历史报表是否符合设计要求。如果不符，查找原因并解决。

（7）观察水位参数的实时曲线和历史曲线是否符合设计要求。如果不符，查找原因并解决。

任务5　以S7-200 PLC为接口设备进行软、硬件联调

4.5.1　S7-200 PLC的安装与电路连接

按照图4-54所示连接电源、水位变送器、CPU224XP、接触器KM线圈、电磁阀KV1和KV2。

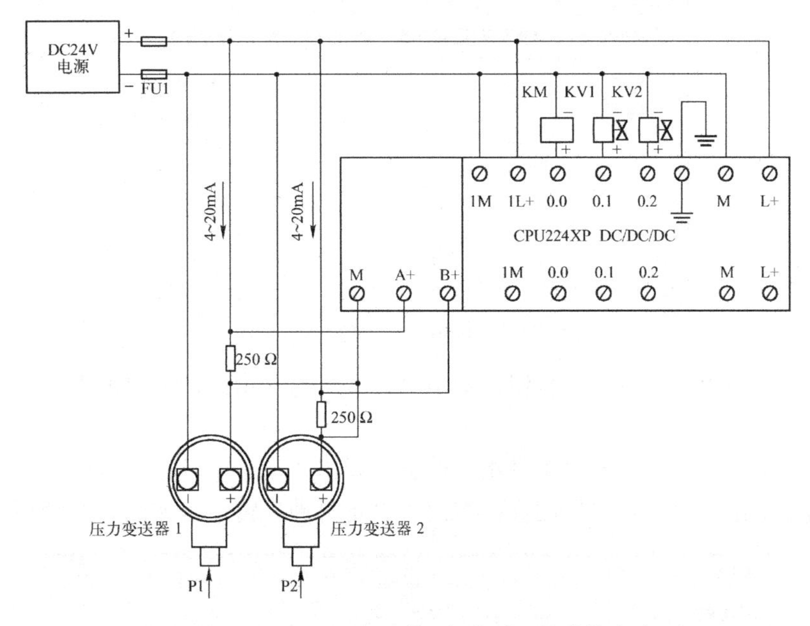

图4-54　CPU224XP、电源与变送器的连接电路

按照图4-55所示连接水泵主电路。

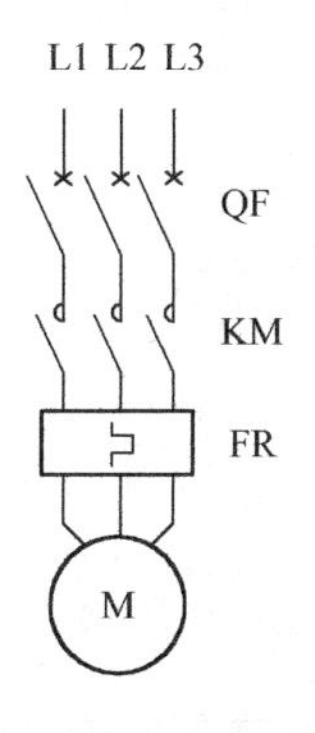

图4-55　水泵主电路

4.5.2 在 MCGS 中进行 S7-200 PLC 设备的连接与配置

1. 添加设备

（1）单击工作台中的“设备窗口”选项卡，进入“设备窗口”页，如图 4-56 所示。

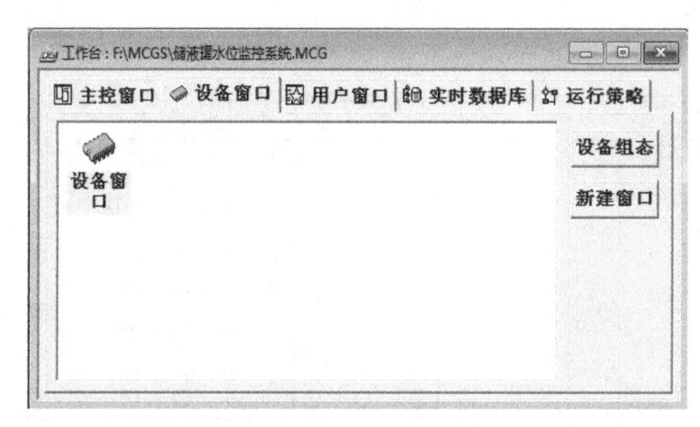

图 4-56 设备窗口

（2）单击“设备组态”按钮，弹出“设备组态”窗口，窗口内为空白，没有任何设备。

（3）单击工具条上的“工具箱”图标，弹出“设备工具箱”窗口。

（4）单击“设备管理”图标，弹出“设备管理”窗口，如图 4-57 所示。

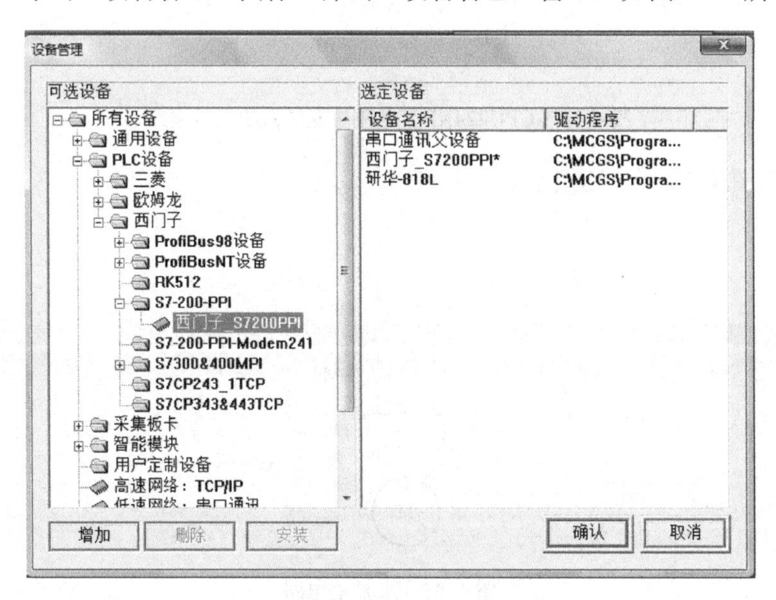

图 4-57 添加 S7-200 PPI 设备

（5）执行菜单命令“PLC 设备”→“西门子”→“S7-200-PPI”，选中“西门子_S7200PPI”，单击“增加”按钮，该设备被添加到“选定设备”中，如图 4-57 所示。

（6）双击设备工具箱中的“通用串口父设备”和“西门子_S7200PPI”，设备窗口出现这两种设备，如图 4-58 所示。

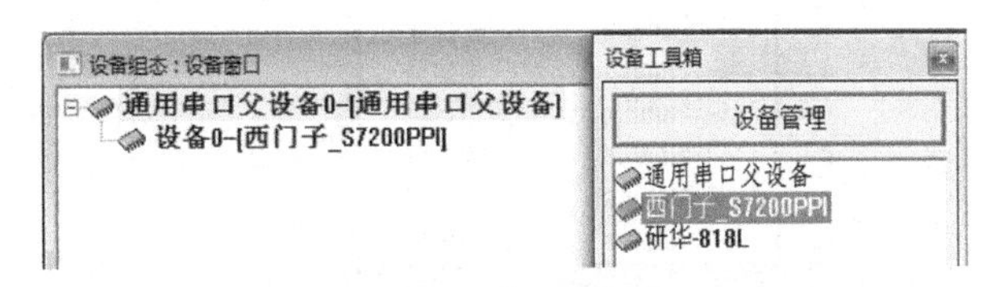

图 4-58　设备工具箱和设备管理窗口

2．设置 S7-200 PLC 的基本属性

双击“设备窗口”的“设备 0-[西门子_S7200PPI]”，进入“设备属性设置”窗口，在“基本属性”页按图 4-59 所示进行设置。

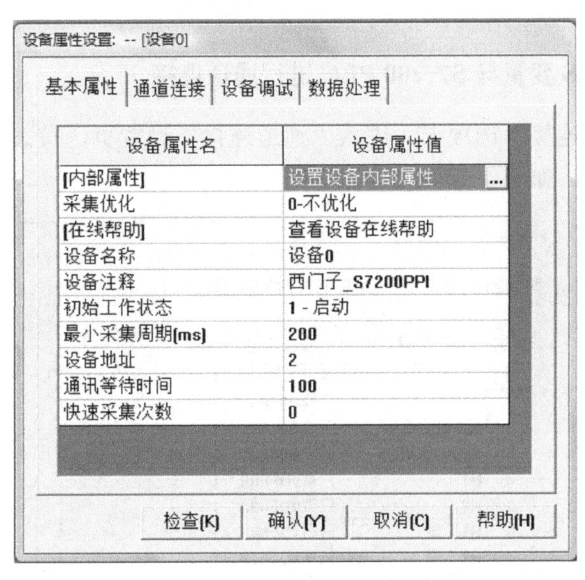

设备属性名	设备属性值
[内部属性]	设置设备内部属性
采集优化	0-不优化
[在线帮助]	查看设备在线帮助
设备名称	设备0
设备注释	西门子_S7200PPI
初始工作状态	1 - 启动
最小采集周期[ms]	200
设备地址	2
通讯等待时间	100
快速采集次数	0

图 4-59　S7-200 PLC 基本属性设置

3．增加 S7-200 PLC 与 MCGS 的连接通道

（1）在如图 4-59 所示的基本属性页，选中“[内部属性]”，其后出现“...”按钮。

（2）单击“...”按钮，弹出如图 4-60 所示窗口，该窗口只列出了可以与 MCGS

进行信号沟通的数字量输入通道 I000.0~I000.7，可以根据需要添加或删除。

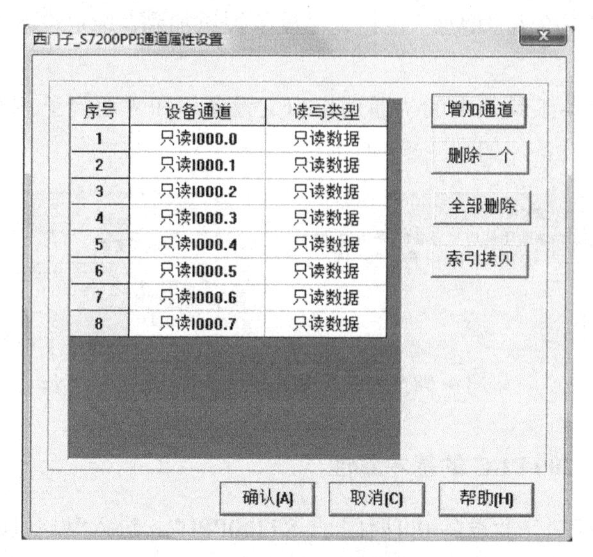

序号	设备通道	读写类型
1	只读I000.0	只读数据
2	只读I000.1	只读数据
3	只读I000.2	只读数据
4	只读I000.3	只读数据
5	只读I000.4	只读数据
6	只读I000.5	只读数据
7	只读I000.6	只读数据
8	只读I000.7	只读数据

图 4-60　S7-200 PLC 通道属性设置

4．将 MCGS 变量与 S7-200 PLC 进行通道连接

单击“通道连接”选项卡，进入“通道连接”设置页，按表 4-5 所示的 I/O 分配表进行设置，如图 4-61 所示。

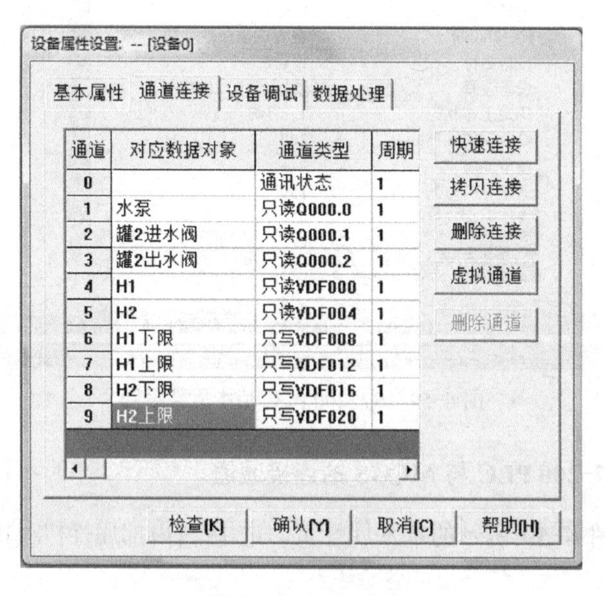

通道	对应数据对象	通道类型	周期
0		通讯状态	1
1	水泵	只读Q000.0	1
2	罐2进水阀	只读Q000.1	1
3	罐2出水阀	只读Q000.2	1
4	H1	只读VDF000	1
5	H2	只读VDF004	1
6	H1下限	只写VDF008	1
7	H1上限	只写VDF012	1
8	H2下限	只写VDF016	1
9	H2上限	只写VDF020	1

图 4-61　通道连接

4.5.3　系统软硬件联合调试

请参考前文相关内容。

任务 6　了解 MCGS 的安全机制

4.6.1　MCGS 安全机制

工业过程控制中，应该尽量避免由于现场人为的误操作所引发的故障或事故，而某些误操作所带来的后果有可能是灾难性的。为了防止这类事故的发生，MCGS 通用版组态软件提供了一套完善的安全机制，严格限制各类操作的权限，使不具备操作资格的人员无法进行操作，从而避免了现场操作的任意性和无序状态，防止因误操作干扰系统的正常运行，甚至导致系统瘫痪，造成不必要的损失。

MCGS 组态软件的安全管理机制和 Windows NT 类似，引入用户组和用户的概念来进行权限的控制。在 MCGS 中：

（1）可以定义无限多个用户组。

（2）每个用户组中可以包含无限多个用户。

（3）同一个用户可以隶属于多个用户组。

在这里，仅通过储液罐水位监控工程使读者了解 MCGS 安全机制的框架及制作方法。

4.6.2　如何建立安全机制

MCGS 建立安全机制的要点是：严格规定操作权限，不同类别的操作由不同权限的人员负责执行，只有获得相应操作权限的人员，才能进行某些功能的操作。

以本项目工程为例，系统的安全机制要求：

（1）只有负责人才能进行用户和用户组管理。

（2）只有负责人才能进行“打开工程”、“退出系统”的操作。

（3）只有负责人才能进行水位控制。

（4）普通操作人员只能进行基本按钮的操作。

根据上述要求，我们对本项目工程的安全机制进行分析。

（1）用户及用户组：

- 用户组：管理员组、操作员组。
- 用户：负责人、张工。

负责人隶属于管理员组；张工隶属于操作员组。管理员组成员可以进行所有操作；操作员组成员只能进行按钮操作。

（2）要设置权限的部分：

● 系统运行权限。

● 水罐水量控制滑动块。

下面介绍水位监控工程安全机制的建立步骤。

1）定义用户和用户组

（1）单击工具菜单中的“用户权限管理”，打开用户管理器。默认定义的用户、用户组分别为负责人、管理员组。

（2）单击“用户组”列表，进入用户组编辑状态。

（3）单击“新增用户组”按钮，弹出用户组属性设置对话框。进行如下设置：

用户组名称：操作员组。

用户组描述：成员仅能进行操作。

（4）单击“确认”，回到用户管理器窗口。

（5）单击用户列表域，单击“新增用户”按钮，弹出用户属性设置对话框。参数设置如下：

用户名称：张工。

用户描述：操作员。

用户密码：123。

确认密码：123。

隶属用户组：操作员组。

（6）单击“确认”，回到用户管理器窗口。

（7）再次进入用户组编辑状态，双击“操作员组”，在用户组成员中选择“张工”。

（8）单击“确认”，再单击“退出”，退出用户管理器。

说明：为方便操作，这里“负责人”未设密码，设置方法同操作员“张工”的设置方法。

2）系统权限管理

（1）进入主控窗口，选中“主控窗口”图标，单击“系统属性”按钮，进入主控窗口属性设置对话框。

（2）在基本属性页中，单击“权限设置”按钮。在许可用户组拥有此权限列表中，选择“操作员组”，单击“确认”，返回主控窗口属性设置对话框。

（3）在下方的选择框中选择“进入登录，退出不登录”，单击“确认”，系统权限设置完毕。

3）操作权限管理

（1）进入水位控制窗口，双击水罐1对应的滑动输入器，进入滑动输入器构件属性设置对话框。

（2）单击下部的“权限”按钮，进入用户权限设置对话框。

（3）选中“操作员组”，单击“确认”，退出。

（4）按“F5”运行工程，弹出“用户登录”对话框，如图 4-62 所示。

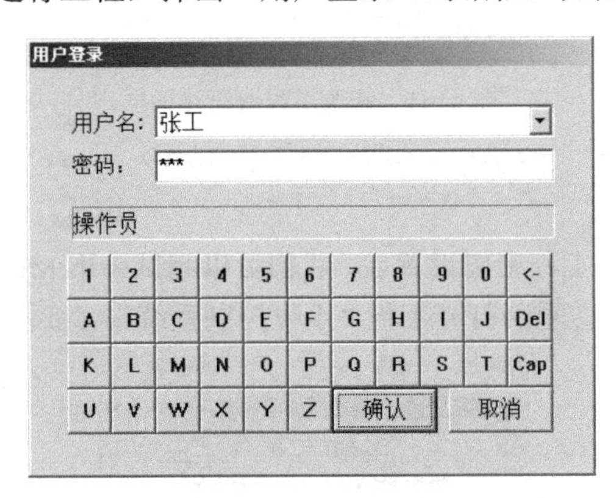

图 4-62　用户登录

（5）用户名框选择“张工”，输入密码“123”，单击“确认”，工程开始运行。

水罐 2 对应的滑动输入器设置同上。

4）保护工程文件

为了保护工程开发人员的劳动成果和利益，MCGS 组态软件提供了工程运行“安全”保护措施。包括工程密码设置，其具体操作步骤如下。

（1）回到 MCGS 工作台，选择工具菜单“工程安全管理”中的“工程密码设置”选项，如图 4-63 所示。

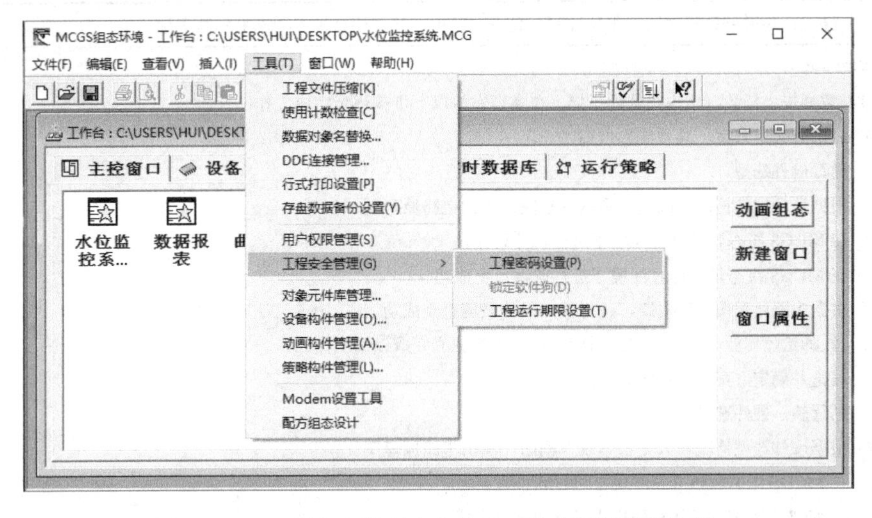

图 4-63　“工程安全管理”中的“工程密码设置”选项

这时将弹出“修改工程密码”对话框，如图 4-64 所示。

图 4-64　修改工程密码对话框

（2）在“新密码”、“确认新密码”输入框内输入：123。单击“确认”，工程密码设置完毕。

完成用户权限和工程密码设置后，我们可以测试一下 MCGS 的安全管理，首先我们关闭当前工程，重新打开工程“水位控制系统”，此时弹出一个对话框，如图 4-65 所示。

图 4-65　打开工程登录框

在这里输入工程密码“123”，然后单击“确认”，打开工程。至此，该工程密码设置完毕。

项目小结

任务描述：利用 IPC 将储液罐水位控制在允许范围内，并在计算机上动态显示其工况。
实现步骤： （1）教师提出任务，学生在教师指导下在实训室按以下步骤逐步完成工作： ① 讨论并确定方案，画系统方框图。 ② 进行硬件选型。 ③ 根据选择硬件情况修改完善系统方框图，画出电路原理图。 ④ 在 MCGS 组态软件开发环境下进行软件设计。 ⑤ 在 MCGS 组态软件运行环境下进行调试直至成功。 ⑥ 根据电路原理图连接电路，进行软、硬件联调直至成功。 （2）教师给出作业，学生在课余时间利用计算机独立完成以下工作： ① 讨论并确定方案，画系统方框图。 ② 进行软、硬件选型。 ③ 根据硬件选型情况修改完善系统方框图，画出电路原理图。 ④ 在 MCGS 组态软件开发环境下进行软件设计。 ⑤ 在 MCGS 组态软件运行环境下进行调试直至成功。 （3）作业展示与点评。

学习目标	
知识目标	技能目标
（1）计算机控制和自动控制的相关知识： ① 水位控制的知识。 ② 泵与电磁阀的知识。 ③ 水位检测的知识，水位开关、水位检测变送器。 ④ CYG型扩散硅压力变送器接线端子定义。 ⑤ 开环控制与闭环控制的知识。 ⑥ 开关量系统和模拟量系统的知识。 ⑦ 带有中间区的位式控制算法的含义。 ⑧ 压力检测的知识，压力开关，压力变送器。 ⑨ 加热反应炉控制的知识。 （2）I/O接口设备的知识： ① 研祥PCL-818L多功能卡的功能。 ② 研祥PCL-818L多功能卡的接线端子定义。 ③ 研祥PCLD-880接线端子板的功能。 ④ S7-200 PLC CPU224XP的功能与接线端定义。	（1）能读懂水位监控系统方框图。 （2）能利用IPC和I/O板卡进行简单模拟量监控系统的方案设计。 （3）能读懂使用PCL-818L板卡的水位监控系统电路图。 （4）能设计使用PCL-818L板卡作为I/O接口设备的电路。 （5）能使用MCGS进行监控程序设计、制作与调试： ➢ 会绘制储液罐、水泵、阀门、流动块，并进行动画连接。 ➢ 会使用按钮输入和按钮动作动画连接，并调试成功。 ➢ 会在MCGS中建立组变量。 ➢ 会设置变量的报警属性、保存属性。 ➢ 会创建实时报警窗口，进行正确设置并调试成功。 ➢ 会通过用户策略创建历史报警窗口，进行正确设置并调试成功。

项目 5　自动线分拣站监控系统

学习目标

- 熟悉用 MCGS 软件建立分拣站监控系统的整个过程。
- 掌握简单界面设计，掌握图形、按钮、报表和曲线的组态，以及触摸屏变量和 PLC 变量的连接。
- 学会用 MCGS 软件、PLC、变频器联合调试分拣单元的动作过程。

任务 1　了解分拣单元的结构和工作过程

分拣单元又称分拣站，是自动化生产线（简称自动线）中的最末单元，完成对上一单元送来的已加工、装配的工件（物料）的分拣作业，使不同颜色的工件向不同的料槽分流。当输送站传送工件到传送带上，并被入料口光电传感器检测到时，即启动变频器，将工件送入分拣区进行分拣。

分拣单元主要结构组成为传送和分拣机构、传动带驱动机构、变频器模块、电磁阀组、接线端口、PLC 模块、按钮/指示灯模块与底板等。其中，机械部分的装配总成如图 5-1 所示。

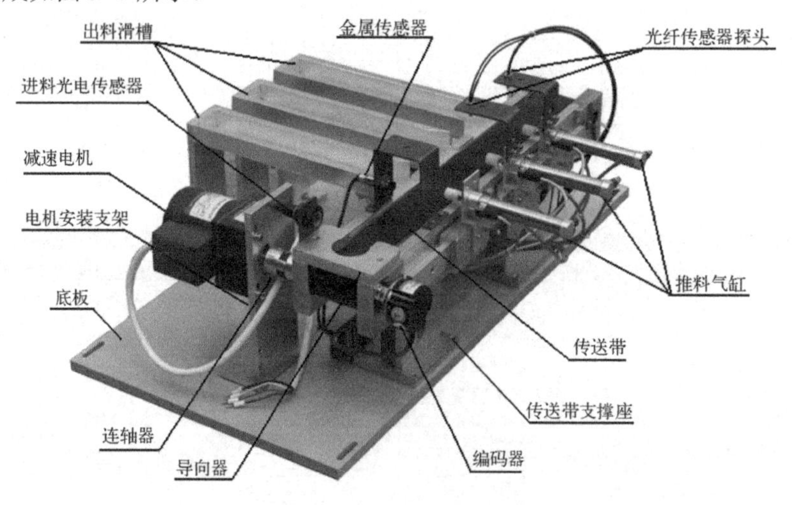

图 5-1　分拣单元装配总成图

该分拣单元有三个电磁阀（1Y，推料 1 电磁阀；2Y，推料 2 电磁阀；3Y，推料 3 电磁阀）、三个气缸磁性限位开关、料口检测有无料的光电传感器（SC1，料口物料检测）、进行颜色判断的两个光纤传感器（SC2，白色物料的检测；SC3，黑色物料的检测）。分拣单元的工作流程如下。

1）初始状态

三个电磁阀（1Y、2Y、3Y）都处于失电状态，1B1（顶料到位检测）、2B1（推料到位检测）、1B~3B（推料 1~3 到位检测）、SC1~SC3 均为 OFF 状态。

2）启动操作

按下启动按钮 SB1，开始下列操作：

① 料口有物料，SC1（物料台物料检测）状态变为 ON，电机拖动传送带运行，物料向分料口运动。

② 若进入分拣区物料为白色，则检测白色物料的光纤传感器 SC2 动作，发送 1 号槽推料气缸启动信号，将白色物料推到 1 号槽里。

若进入分拣区物料为黑色，则检测黑色物料的光纤传感器 SC3 动作，发送 2 号槽推料气缸启动信号，将黑色物料推到 2 号槽里。

③ 气缸推料的同时，电机停止运行。气缸动作，气缸到位检测的磁性开关状态变为 ON，推料电磁阀失电。

说明：三个气缸满足初始状态的位置要求，则 HL1 常亮，否则，以 1Hz 频率闪烁；设备正常运行时，HL2 常亮；出现故障，设备不能正常运行，则 HL3 常亮。

3）停止操作

按下停止按钮 SB2，系统无论处于什么状态均停止当前工作，回到初始步。

任务 2　确定分拣单元主要硬件结构

分拣单元主要由传送带、物料槽、推料（分拣）气缸、漫射式光电传感器、旋转编码器、金属传感器、光纤传感器、磁感应接近式传感器组成，如图 5-1 所示。

5.2.1　分拣单元器材选择

1. 传感器

本站应用了光电传感器、磁性限位开关、光纤传感器，而光电传感器、磁性限位开关在相关专业基础课中已有详细的介绍，在此不再介绍。

光纤传感器由检测头、放大器两部分组成，放大器和检测头是互相分离的两个部分，检测头的尾端部分分成两条光纤，使用时分别插入放大器的两个光纤孔。光纤传感器组件及放大器的安装示意图如图 5-2 所示。

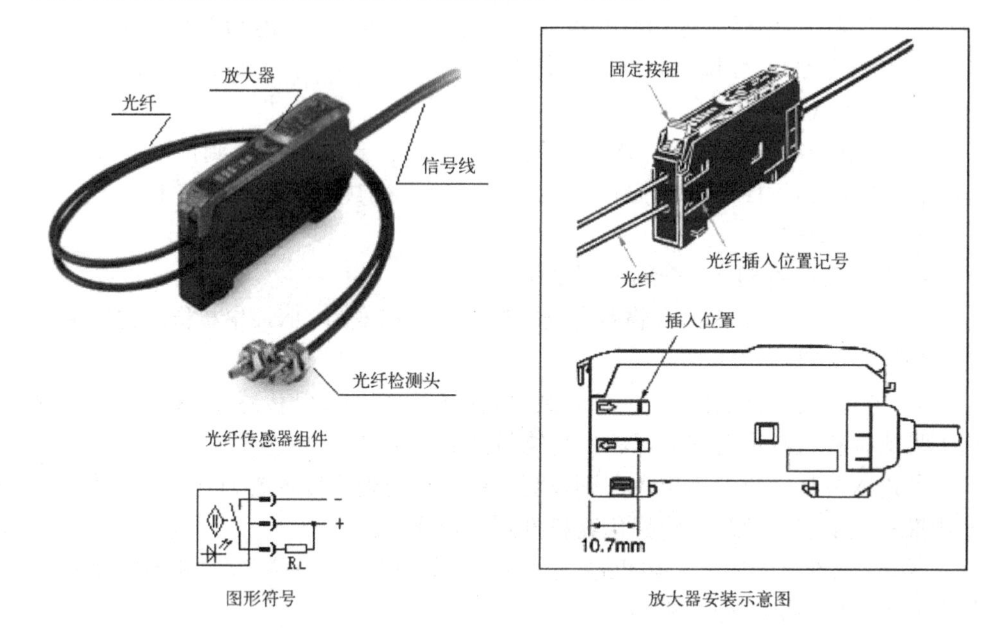

图 5-2　光纤传感器组件及放大器的安装示意图

2. 旋转编码器

旋转编码器是通过光电转换将输出至轴上的空间位移量转换成脉冲或数字信号的传感器，主要用于速度或位置(角度)的检测。典型的旋转编码器由光栅盘和光电检测装置组成。光栅盘是一个等分地开通了若干个长方形狭缝的圆板。由于光栅盘与电机同轴，电机旋转时，光栅盘与电机同速旋转，经发光二极管等电子元器件组成的检测装置检测输出若干脉冲信号，其原理示意图如图 5-3 所示，通过换算每秒旋转编码器输出脉冲的个数就能反映当前电机的转速。

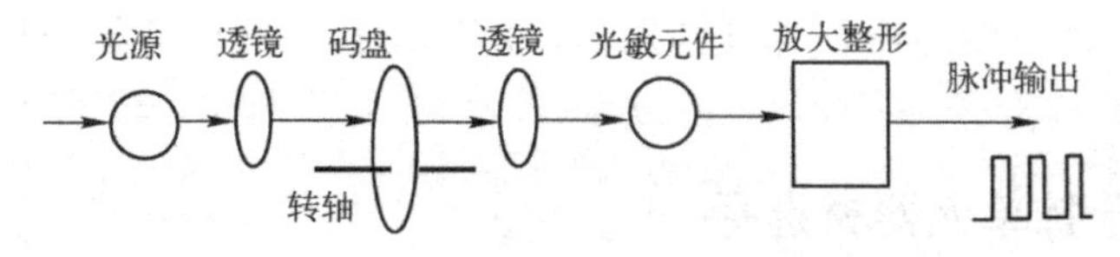

图 5-3　旋转编码器原理示意图

根据产生脉冲方式的不同，旋转编码器分为增量式、绝对式及复合式三大类。本单元采用增量式旋转编码器，用于计算工件在传送带上的位置。

增量式旋转编码器可利用光电转换原理直接输出三组方波脉冲（A、B 和 Z 相）；A、B 两组脉冲相位差 90°，用于辨别方向：当 A 相脉冲超前 B 相脉冲时为正转方向，反之则为反转方向。Z 相则用于每转一个脉冲的基准点定位，如图 5-4 所示。

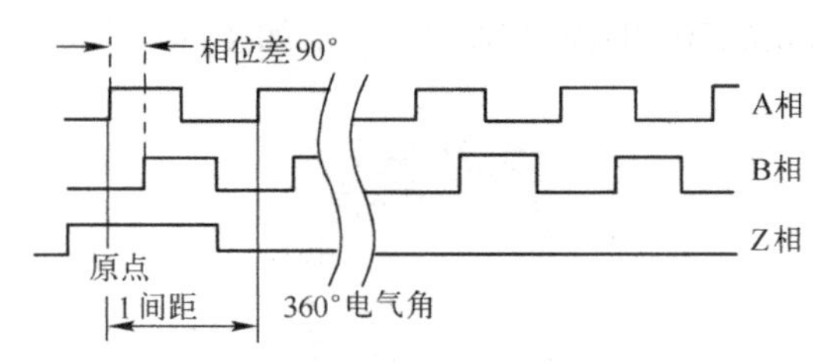

图 5-4　增量式旋转编码器输出的三组方波脉冲

编码器直接连接到传送带主轴上，其三相脉冲采用 NPN 型集电极开路输出，分辨线为 500 线，工作电源为 DC12~24V。没有使用 Z 相脉冲，A、B 两相输出端直接连接到 PLC 的高速计数器输入端。

计算物料在传送带上的位置时，须确定每两个脉冲之间的距离，即脉冲当量。分拣单元主轴的直径为 43mm，则可得出电机主轴每旋转一周，皮带上物料移动距离

$$L=\pi d\approx 3.14\times 43\text{mm}\approx 135\text{mm}$$

$$\text{故脉冲当量}\mu=L/50=0.270$$

按图 5-5 所示的安装尺寸，当物料从下料口中心线移至传感器中心时，旋转编码器约发出 430 个脉冲；移至第 1 个推杆中心点时，约发出 614 个脉冲；移至第 2 个推杆中心点时，约发出 963 个脉冲；移至第 3 个推杆中心点时，约发出 1284 个脉冲。应用编码器的原因就是实时反映物料运行的距离，并将之和预先设置的脉冲数（代表距离）进行比对，以确定物料到达下料口，触发推料电磁阀动作的时机。

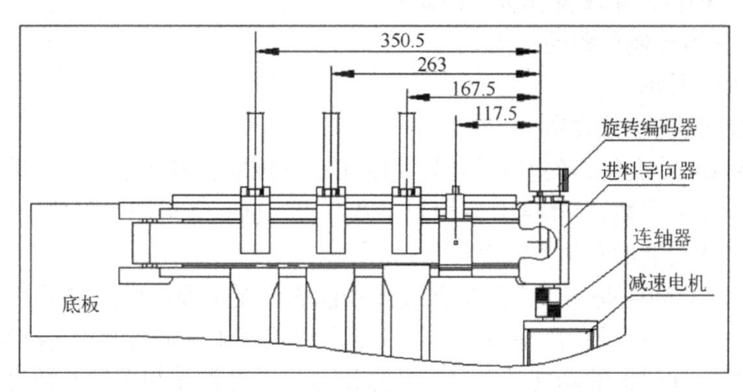

图 5-5　传送带位置计算用图

3. 西门子 MM420 变频器

1）西门子 MM420 变频器简介

西门子 MM420（MICRO MASTER 420）系列产品是主要用于控制三相交流

电机转速的变频器。该系列有多种型号，本项目所用的生产线 YL-335B 选用的 MM420 订货号为 6SE6420-2UDl7-5AAl，外形如图 5-6 所示。

图 5-6　变频器外形图

该变频器参数为：

- 电源电压：380V～480V，三相交流。
- 额定输出功率：0.75kW。
- 额定输入电流：2.4A。
- 额定输出电流：2.1A。
- 外形尺寸：A 型。
- 操作面板：基本操作板（BOP）。

2）变频器控制电路的接线

如图 5-7 所示。

3）变频器的参数设定

（1）MM420 变频器的参数访问：MM420 变频器有多达上千个参数，为了能快速访问指定的参数，MM420 采用把参数分类，屏蔽（过滤）无关类别的方法，实现这种过滤功能的有如下几个参数：

① 参数 P0004 是实现上述参数过滤功能的重要参数，当完成了 P0004 的设定以后再进行参数查找时，在 LED 上只能看到 P0004 设定值所指定类别的参数。

② 参数 P0010 的功能是调试参数过滤器，对与调试相关的参数进行过滤，只筛选出那些与特定功能组有关的参数。P0010 的可能设定值为：0（准备），1（快速调试），2（变频器），29（下载），30（出厂设定值）；默认设定值为 0。

③ 参数 P0003 用于定义用户访问参数组的等级，设置范围为 1～4，其中：

1 为标准级，可以访问最常用的参数。

2 为扩展级，允许扩展访问参数的范围，例如变频器的 I/O 功能。

3 为专家级，只供专家使用。

4 为维修级，只供授权的维修人员使用，具有密码保护。

该参数默认设置为 1（标准级），对于大多数简单的应用对象，采用标准级就可以满足要求了。用户可以修改设置值，但建议不要设置为等级 4（维修级），用 BOP 或 AOP 操作板看不到第 4 访问级的参数。

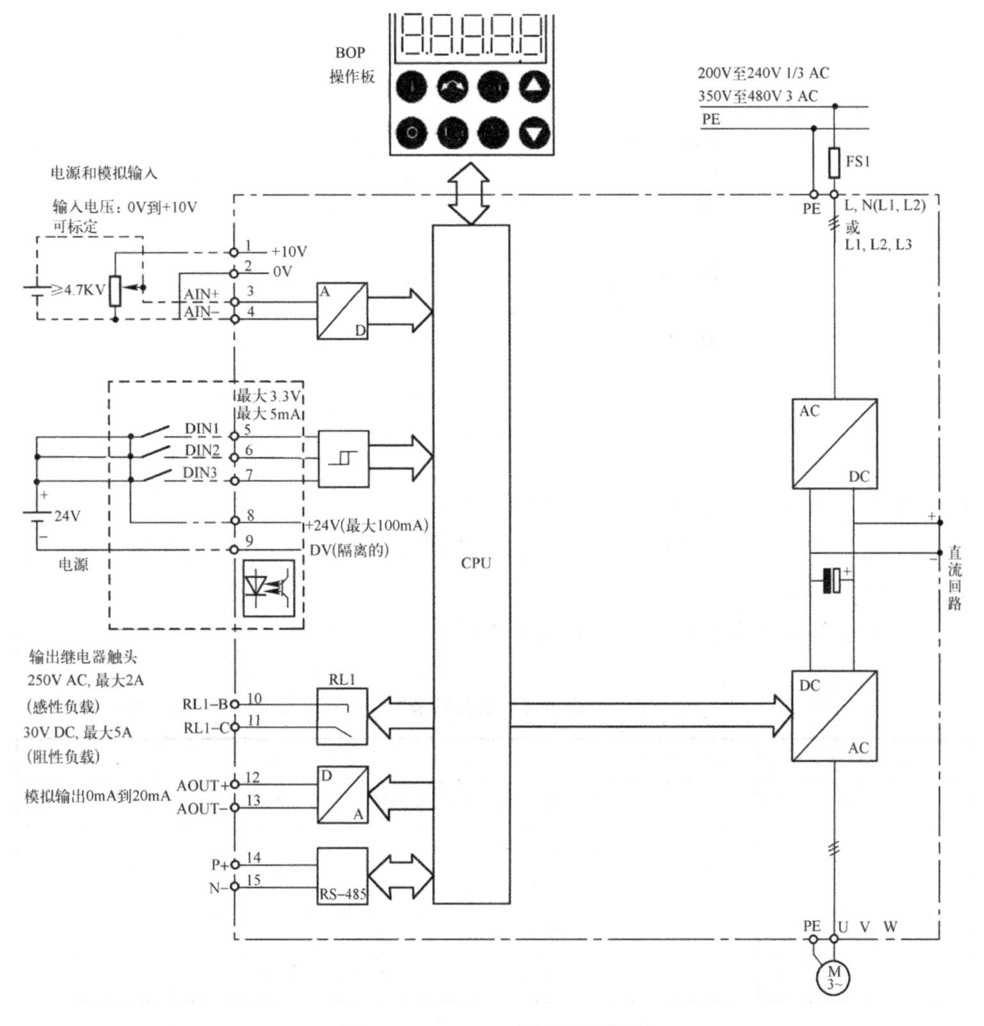

图 5-7　MM420 变频器方框图

（2）参数设置方法：用 BOP 可以修改和设定系统参数，使变频器具有用户所期望的特性，例如，斜坡时间、最小和最大频率等。选择的参数号和设定的参数值在五位数字的 LED 上显示。

更改参数的数值的步骤可大致归纳如下。

① 查找所需参数号。

② 进入参数值访问级，修改参数值。

③ 确认并存储修改好的参数值。

例如修改 P0004 的参数，假如 P0004 设定值为 0，现在要修改为 3，改变参数步骤如图 5-8 所示。

序号	操作内容	显示的结果
1	按 访问参数	r0000
2	按 直到显示出 P0004	P0004
3	按 进入参数数值访问级	0
4	按 或 达到所需要的数值	3
5	按 确认并存储参数的数值	P0004
6	使用者只能看到命令参数	

图 5-8 参数设置步骤

提示：功能键也可以用于确认故障的发生。

注意：修改参数的数值时，BOP 有时会显示 P----，这说明变频器正忙于处理优先级更高的任务。

（3）本单元所要设置的参数如表 5-1 所示。

表 5-1 参数设置

参 数 号	设 置 值	说 明
P0003	1	设用户访问级为标准级
P0010	1	快速调试
P0700	2	由端子排输入
P1000	2	模拟量输入
P0701	1	DINI，ON：接通正转，OFF：停止

（4）频率设定比例换算关系：S7-200 CPU 224XP 的输出数字量（0~32000）经 A/D 转换变成模拟量后分 0~20mA 和 0~10V 两种规格，在本单元中我们选择的是 0~10V 的模拟量输出，假设触摸屏上设置的频率值为 0~50Hz（整数值），对应数字量 0~32000，A/D 转换后输出为 0~10V，所以换算关系的比例系数：32000/50=640，模拟量/数字量对应关系如图 5-9 所示。

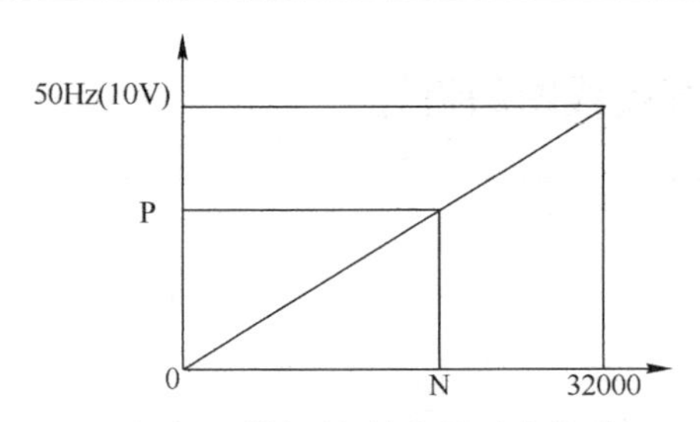

图 5-9　模拟量/数字量对应关系

在 PLC 中的编程如图 5-10 所示。

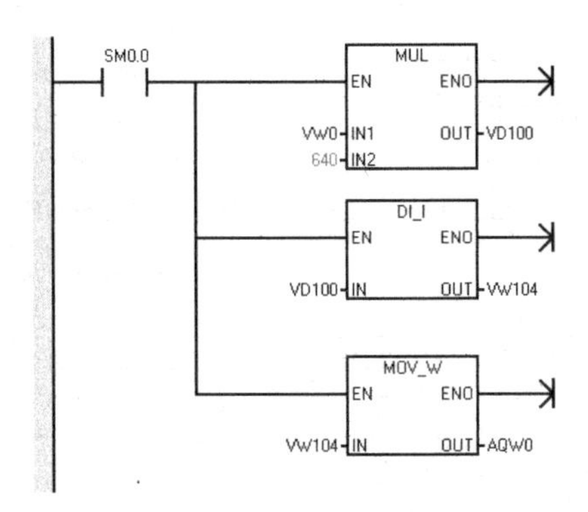

图 5-10　模拟量/数字量转换 PLC 程序

5.2.2　PLC 的 I/O 分配表的设计

I/O 地址分配如表 5-2 所示。

表 5-2　分拣单元输入/输出地址分配

输入信号			输出信号		
符号	PLC 输入点	信号名称	符号	PLC 输出点	信号名称
I2	I0.0	编码器 A 相		Q0.0	变频器启停控制
I3	I0.1	编码器 B 相		Q0.1	
I4	I0.2	编码器 Z 相		Q0.2	
SC1	I0.3	物料口检测传感器		Q0.3	
SC2	I0.4	光纤传感器检测（黑色）	1Y	Q0.4	推料 1 电磁阀
SC3	I0.5	光纤传感器检测（白色）	2Y	Q0.5	推料 2 电磁阀
1B	I0.6	推杆 1 到位检测	3Y	Q0.6	推料 3 电磁阀
2B	I0.7	推杆 2 到位检测	HL1	Q0.7	黄色指示灯
3B	I1.0	推杆 3 到位检测	HL2	Q1.0	绿色指示灯
SB1	I1.1	停止按钮	HL3	Q1.1	红色指示灯
SB2	I1.2	启动按钮		AQW0	变频器频率给定

5.2.3 PLC 外部接线图的设计

PLC 外部接线如图 5-11 所示。

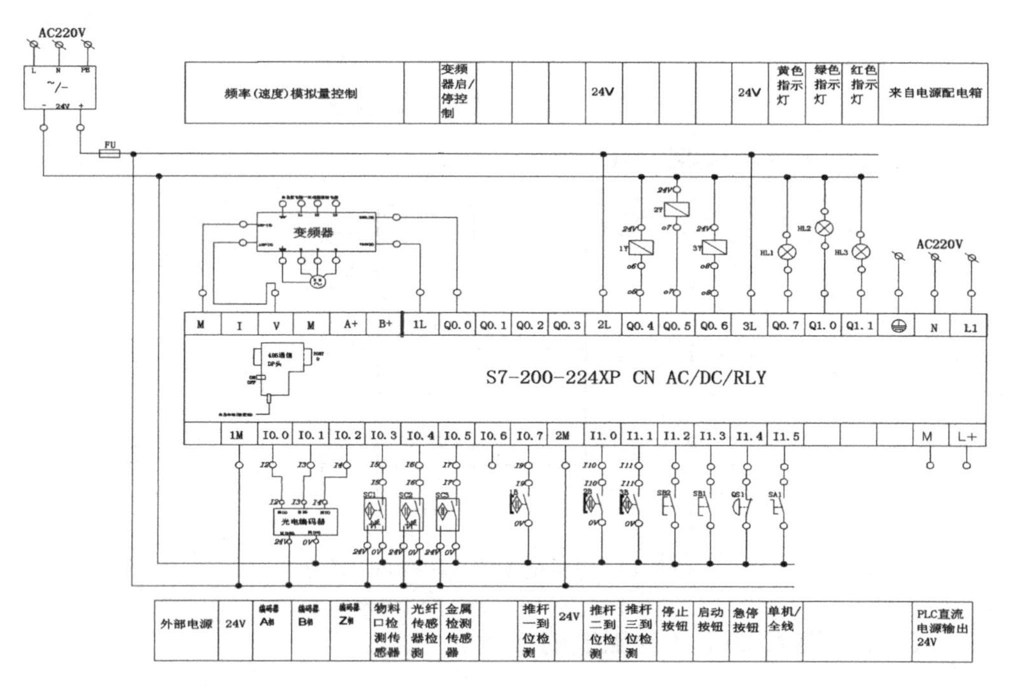

图 5-11　分拣单元外部接线图

任务 3　建立分拣单元的工程项目

分拣单元工程项目主要任务是监控分拣过程的运行，在触摸屏上进行启动、停止操作，实时监控电磁阀动作过程，设定电机运行频率，缺料报警指示，累计加工数目，以及报表的产生。可以按以下步骤建立工程：

（1）双击桌面 MCGS 组态环境图标，进入组态环境，屏幕中间窗口为工作台。

（2）单击文件菜单中“新建工程”选项，如果 MCGS 安装在 D 盘根目录下，则会在“D:\MCGS\WORK\”路径下自动生成新建工程，默认的工程名为：“新建工程 X.MCG”，X 表示新建工程的顺序号，如 0、1、2 等。

（3）选择文件菜单中的“工程另存为”菜单项，弹出文件保存窗口。

（4）在文件名一栏内输入“分拣站触摸屏监控系统”，单击“保存”按钮，工程创建完毕。

5.3.1　定义数据对象

实时数据库是 MCGS 系统的核心，也是应用系统的数据处理中心，系统各个部分均以实时数据库为数据公用区，进行数据交流、数据处理和数据的可视化处理。

1. 分配数据对象

分配数据对象即定义数据对象，之前要对系统进行分析，确定需要的数据对象，见表 5-3。

表 5-3　数据对象分配表

对象名称	类　型	注　释
启动按钮	开关型	启动按钮
停止按钮	开关型	停止按钮
推杆 1 到位检测	开关型	
推杆 2 到位检测	开关型	
推杆 3 到位检测	开关型	
1Y	开关型	推料 1 电磁阀
2Y	开关型	推料 2 电磁阀
3Y	开关型	推料 3 电磁阀
物料口物料检测	开关型	检测有无物料
光纤传感器	开关型	检测黑料
光纤传感器	开关型	检测白料
黄色指示灯	开关型	
绿色指示灯	开关型	
红色指示灯	开关型	
供料个数 1	数值	分拣白色物料数目
供料个数 2	数值	分拣黑色物料数目
变频器运行	开关型	

2. 定义数据对象步骤

参照前面项目的相关步骤，结合表 5-3，设置数据对象。

5.3.2　组态设备窗口

MCGS 为用户提供了多种类型的“设备构件”，作为系统与外部设备进行联系的媒介。进入设备窗口，从设备构件工具箱里选择相应的构件，配置到窗口内，建立接口与通道的连接关系，设置相应的属性，即完成了设备窗口的组态任务。

具体设置步骤可参考前文，与 S7-200 PLC 的变量通道连接如图 5-12 所示。

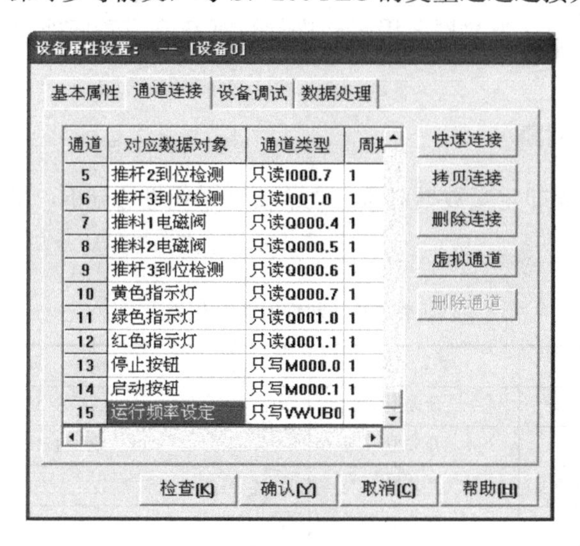

图 5-12　通道连接

5.3.3　制作工程画面

1. 建立画面

（1）在“用户窗口”中单击“新建窗口”按钮，建立“窗口 0”，如图 5-13 所示。

图 5-13　新建用户窗口

（2）选中“窗口 0”，单击“窗口属性”按钮，弹出“用户窗口属性设置”窗口，如图 5-14 所示。

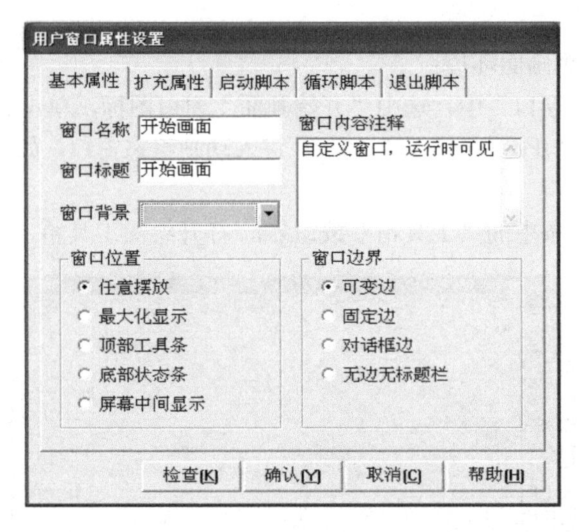

图 5-14　设置用户窗口的属性

（3）将“基本属性”页的窗口名称改为“开始画面”；窗口标题改为“开始画面”；窗口位置选中“最大化显示”，其他不变，单击“确认”按钮，关闭窗口。以同样的方法再新建一个窗口，窗口标题为“监控画面”。

（4）在“用户窗口”中，“窗口 0”标题已变为“开始画面”，如图 5-15 所示。选中“开始画面”，单击右键，选择下拉菜单中的“设置为启动窗口”选项，将该窗口设置为运行时自动加载的窗口，则当 MCGS 运行时，将自动加载该窗口。

（5）单击“保存”按钮。

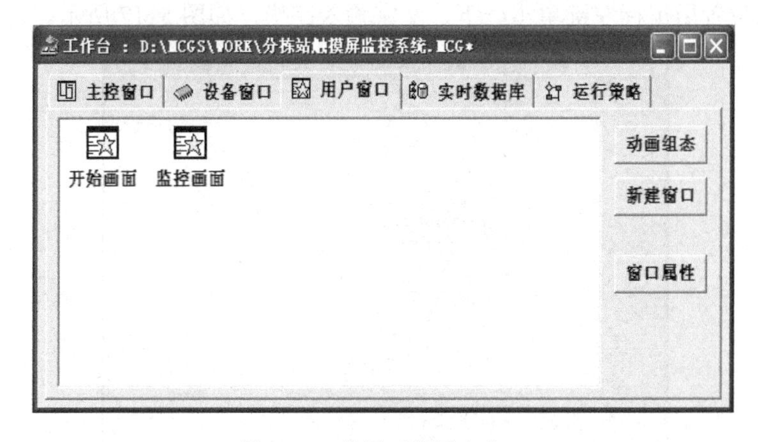

图 5-15　设置后的用户窗口

2. 编辑画面

（1）进入编辑画面环境：

① 在“用户窗口”中，选中“开始画面”窗口图标，单击右侧“动画组态”按钮或直接双击“开始画面”窗口图标，进入动画组态窗口，如图 5-16 所示，开始编辑画面。

② 单击工具条中的“工具箱”按钮，打开绘图工具箱，如图 5-16 所示。

图 5-16　编辑画面环境

（2）制作文字框图：

① 单击“工具箱”内的“标签”按钮，鼠标的光标呈“十”字形，在窗口顶端中心位置拖曳鼠标，根据需要拉出一个一定大小的矩形。

② 在光标闪烁位置输入文字“分拣站触摸屏监控系统”，按“Enter”键或在窗口任意位置用鼠标左键单击一下，文字输入完毕，如图 5-17 所示。

图 5-17　输入和编辑文字

3. 绘制开始画面

① 单击工具箱中的“标准按钮”按钮 ，在画面中画出一定大小的按钮，调整其大小和位置。

② 鼠标左键双击该按钮，弹出“标准按钮构件属性设置”窗口，如图 5-18 所示。

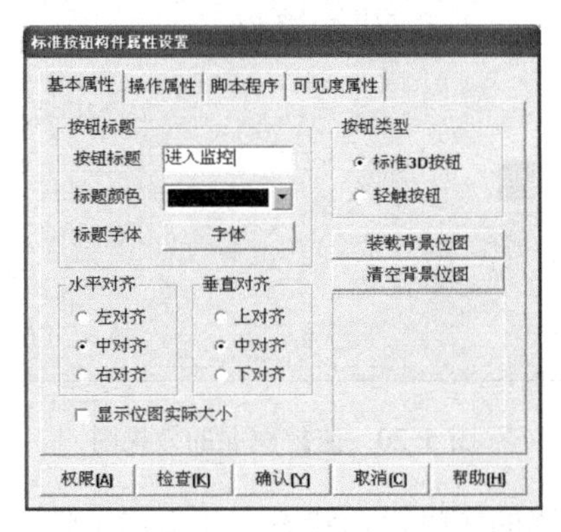

图 5-18 “标准按钮构件属性设置”窗口

③ 在“基本属性”页进行设置。“按钮标题”栏设为“进入监控”；“水平对齐”和“垂直对齐”设为“中对齐”；“按钮类型”设为“标准 3D 按钮”。

④ 单击“确认”按钮。

⑤ 对画好的按钮进行复制、粘贴，调整新按钮的位置。

依据上面的方法再组态一个按钮，如图 5-19 所示。也可复制之前画好的按钮，然后双击复制的按钮，将其名称改为“退出系统”。然后调整这两个按钮的位置，使之处于同一水平线上。

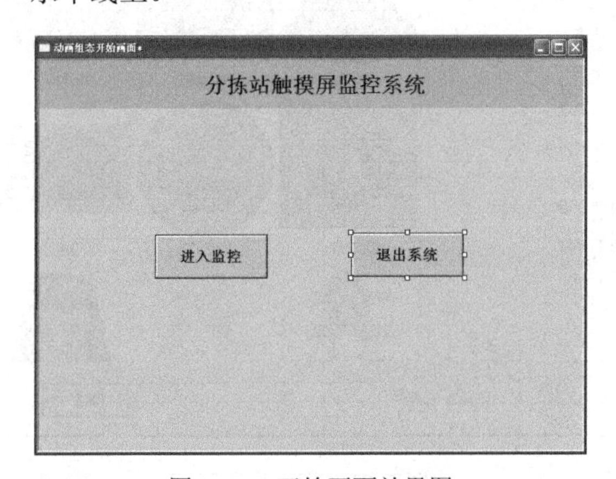

图 5-19　开始画面效果图

4. 绘制监控画面

（1）构建供料站的结构。双击“监控画面”窗口图标进入监控画面的组态界面，在“工具箱”里选择“矩形”□，通过矩形框构建供料站结构画面，并适当填充颜色，使画面不那么单调，结构布局如图 5-20 所示。

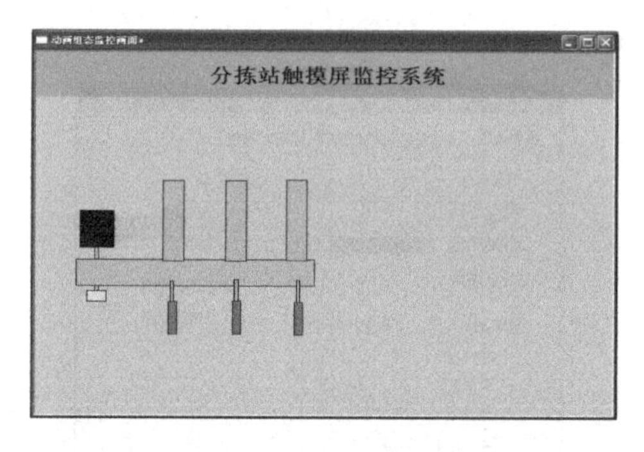

图 5-20　监控画面的效果图

（2）设置组态传感器的实时显示状态和状态指示灯：

① 单击绘图工具箱中的“插入元件”图标，弹出“对象元件库管理”对话框。

② 单击窗口左侧“对象元件列表”中的“指示灯”，右侧窗口出现如图 5-21 所示的指示灯图形。

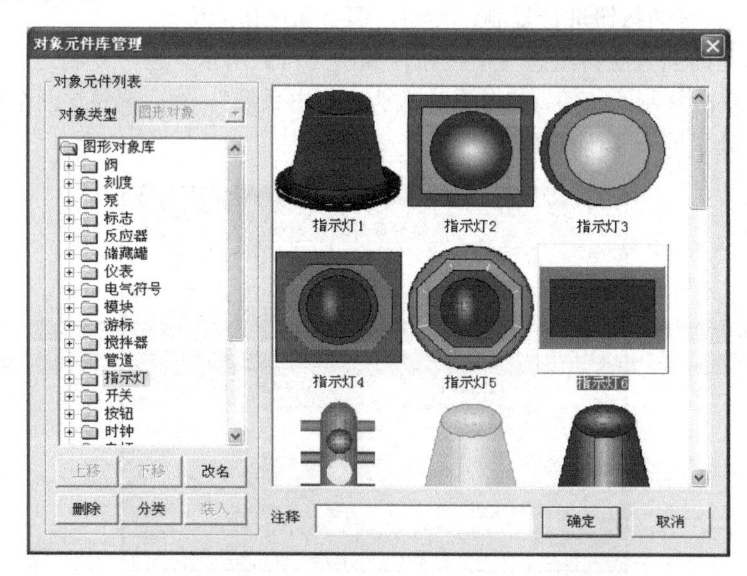

图 5-21　指示灯图形

③ 单击右侧窗口内的指示灯6，图像外围出现矩形，表明该图形被选中，单击“确定”按钮。

④ 将指示灯调整为适当大小，放到适当位置。

⑤ 在指示灯上面输入与文字标签相对应的传感器的名字，如图5-22所示。

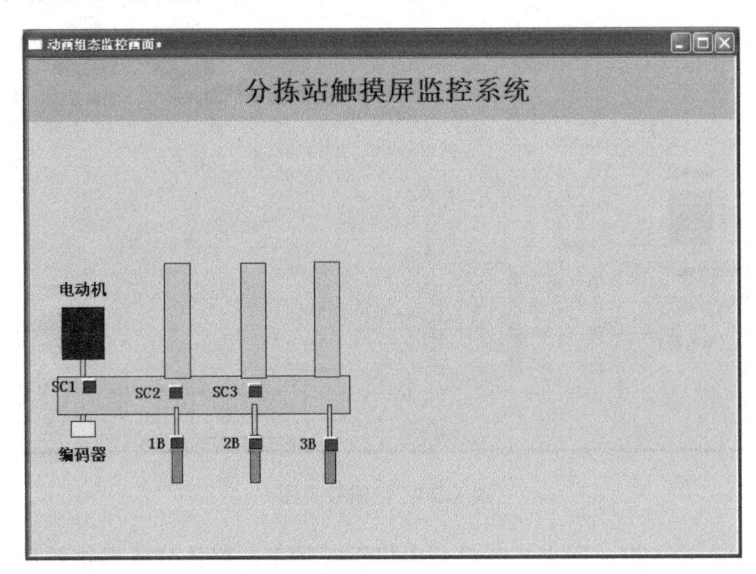

图5-22　监控画面效果图

以同样的方法组态指示灯，如图5-23所示。

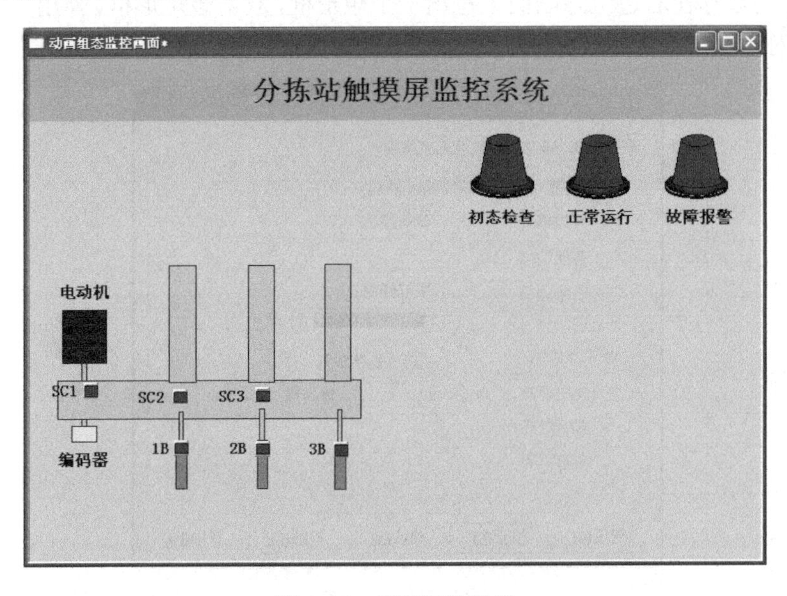

图5-23　指示灯效果图

采用与设置“开始画面”一样的方式来对按钮进行组态，如图 5-24 所示。

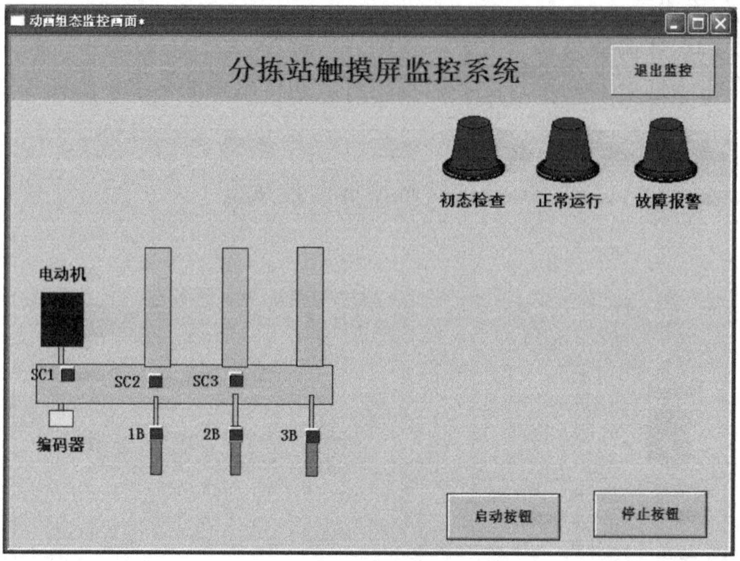

图 5-24　按钮效果图

（3）组态输入框：用来实时显示电机运行频率，累计分拣黑物料和白物料的数目，此处以显示变频器运行频率为例来说明。

① 单击绘图工具箱中的“输入框”图标 abl。

② 用鼠标在右边组态画面上拉出一个矩形框，双击该矩形框，弹出如图 5-25 所示的对话框。

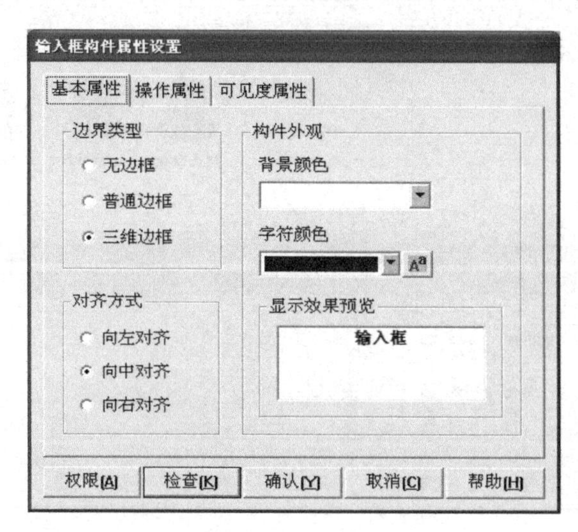

图 5-25 “输入框构件属性设置”窗口

③ 选择基本属性，改变字体大小、形状、背景色，在操作属性中单击[?]，弹出如图 5-26 所示的对话框。

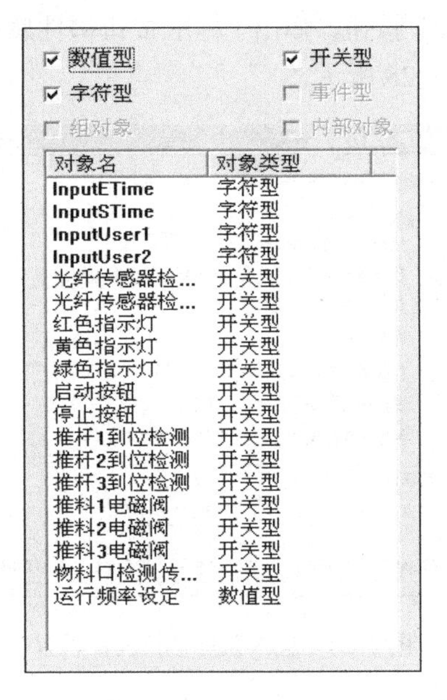

图 5-26　输入框操作属性数据对象选择

④ 选择“运行频率设定”并双击，再按图 5-27 所示设置“输入框构件属性设置”窗口相关参数。

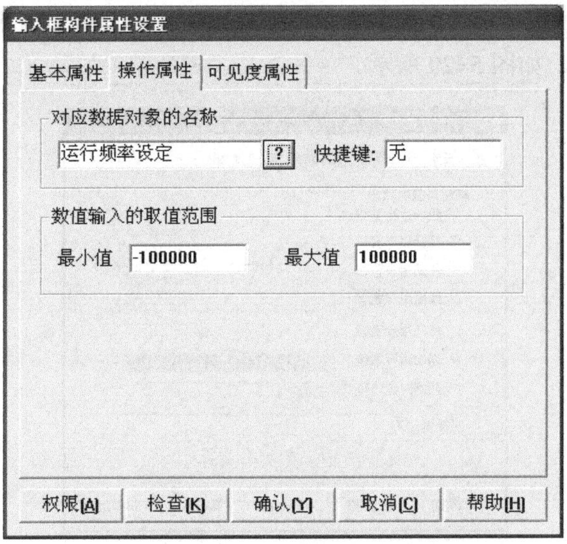

输入框构件属性设置
基本属性　操作属性　可见度属性
对应数据对象的名称
运行频率设定　[?]　快捷键: 无
数值输入的取值范围
最小值 -100000　最大值 100000
权限(A)　检查(K)　确认(Y)　取消(C)　帮助(H)

图 5-27　“输入框构件属性设置”窗口

5. 按钮效果组态变量

（1）双击“进入监控”按钮，弹出“标准按钮构件属性设置”窗口，单击“操作属性”选项卡，如图 5-28 所示。

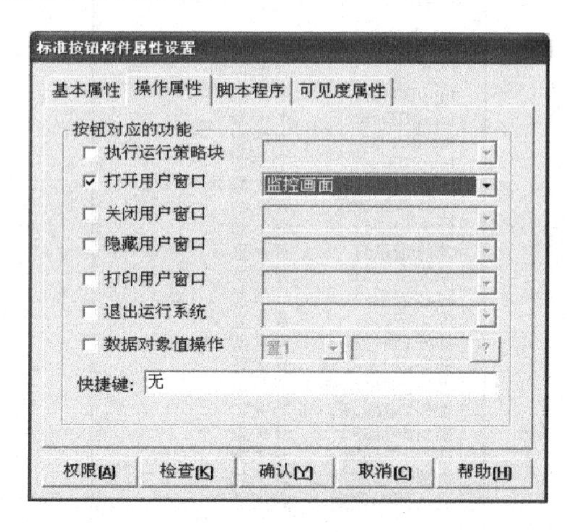

图 5-28　进入监控按钮构件设置

（2）选中“打开用户窗口”，单击对应下拉列表框的“▼”，弹出按钮动作下拉菜单，选择“监控画面”，单击“确认”。在运行画面上单击该按钮，就进入监控画面了，这样就做到了切换画面。以同样操作在“监控画面”中组态“退出监控”按钮。

（3）双击“退出系统”按钮，弹出“标准按钮构件属性设置”窗口，单击“操作属性”选项卡，如图 5-29 所示。

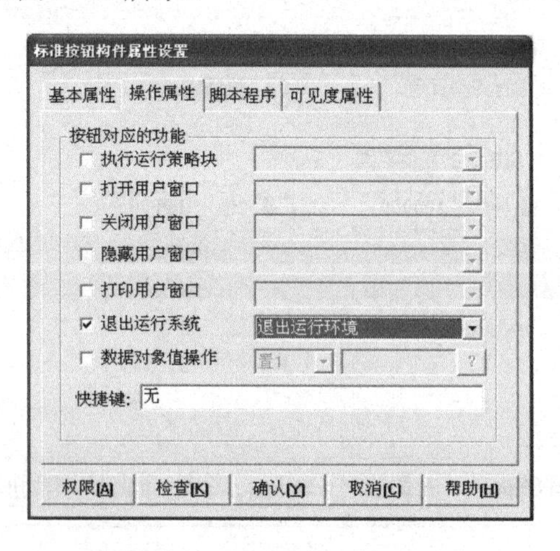

图 5-29　退出系统按钮构件设置

（4）选中“退出运行系统”，单击对应下拉列表框的“▼”，弹出按钮动作下拉菜单，选择“退出运行环境”，单击“确认”按钮。在运行画面上单击该按钮，就可退出系统了。

（5）在监控画面中双击“启动按钮”，弹出“标准按钮构件属性设置”窗口，单击“操作属性”中的“按下功能”选项卡，如图 5-30 所示。

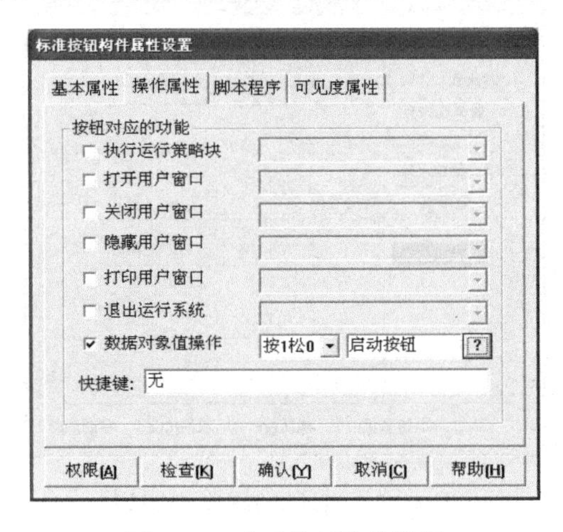

图 5-30　启动按钮构件设置

（6）选中“数据对象值操作”，单击对应下拉列表框的“▼”，弹出按钮动作下拉菜单，选择“按 1 松 0”，单击后面的“？”，在“变量选择”中选择“启动按钮”。

（7）双击“指示灯”图形，弹出“单元属性设置”窗口，单击“数据对象”选项卡，如图 5-31 所示。

图 5-31　指示灯数据对象连接

单击填充颜色后面的“？”，选择变量表中的“黄色指示灯”，然后单击“动画连接”，选择“>”，改变变量0与1在触摸屏上显示的颜色，如图5-32所示（彩色效果见电子课件）。

（8）单击“保存”按钮，再单击“确认”即完成指示灯的组态。

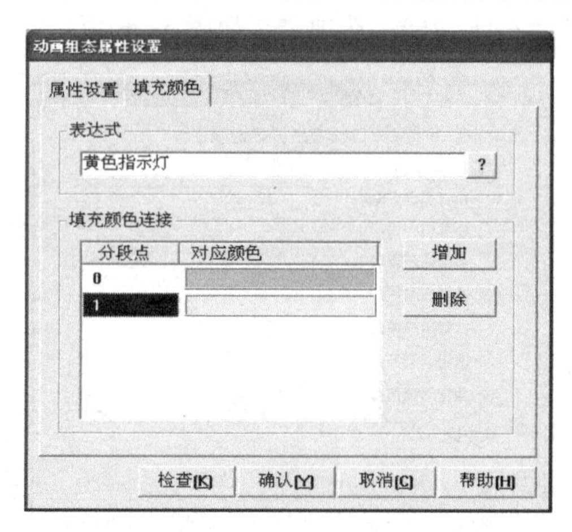

图5-32　指示灯填充颜色设置

其他指示灯以及传感器的指示灯的组态方法类似。

6. 报表的组态

（1）单击“工具箱”内的“历史表格”按钮，鼠标的光标变为“十”字形，在窗口中拖曳鼠标拉出一个4×4的表格，如图5-33所示。

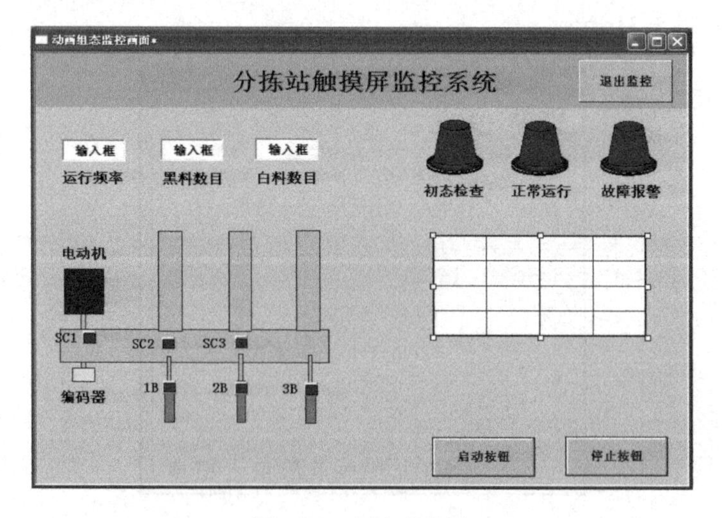

图5-33　历史表格图

（2）组态表格的目的是统计黑、白物料数目以及对它们进行求和。双击表格，单击右键，就本单元的控制要求，对表格修改后的效果如图 5-34 所示。

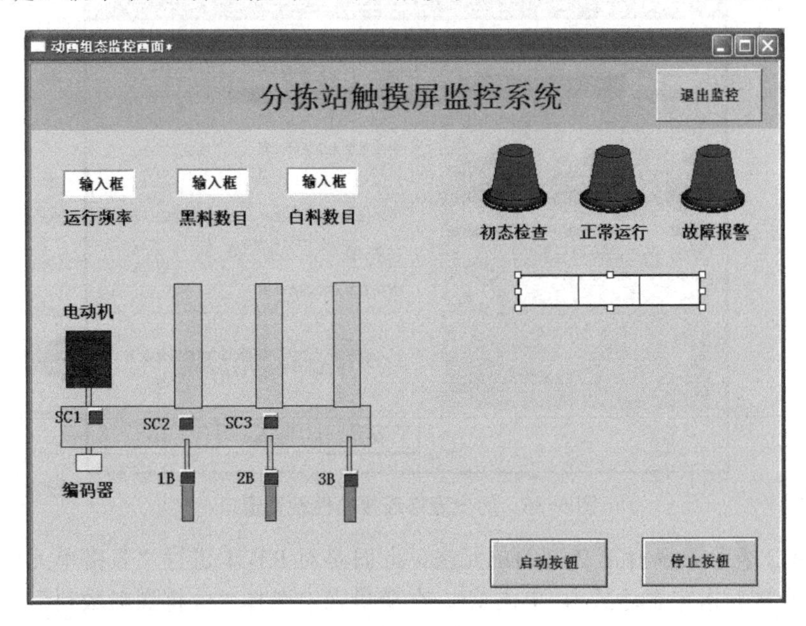

图 5-34　历史表格修改效果图

（3）双击表格，再单击右键，选择“连接”，如图 5-35 所示。

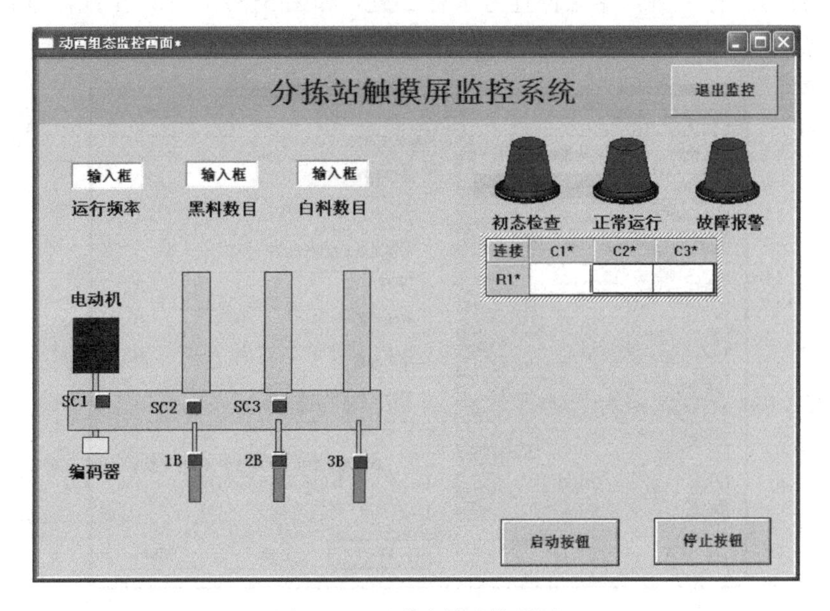

图 5-35　历史表格连接设置

（4）此时单击右键，弹出“单元连接属性设置”窗口，如图 5-36 所示。

单元连接属性设置
表元 连接内容
R1C1
表格单元连接
连接到指定表达式
对指定单元格进行计算
求和
开始位置 0 行 0 列
结束位置 0 行 0 列
对指定单元格进行计算
请在表达式中，使用RXXCYY来指定参与计算的单元位于XX行YY列。
检查 确认 取消 帮助

图 5-36　历史表格连接属性设置窗口

R3C2 表示第 3 行第 2 列的单元格，此时是对 R1C1 进行“表格单元连接”，选中“连接到指定表达式”，单击 ? ，在变量表中选择“分拣黑料数目”，最后单击“确认”。用同样的方法对 R1C2 进行变量连接，在变量表中选择“分拣白料数目”。对 R1C3 进行变量连接，要选中“对指定单元格进行计算，选择“求和”，开始位置为 1 行 1 列，结束位置为 1 行 2 列，如图 5-37 所示。至此，报表组态完毕。

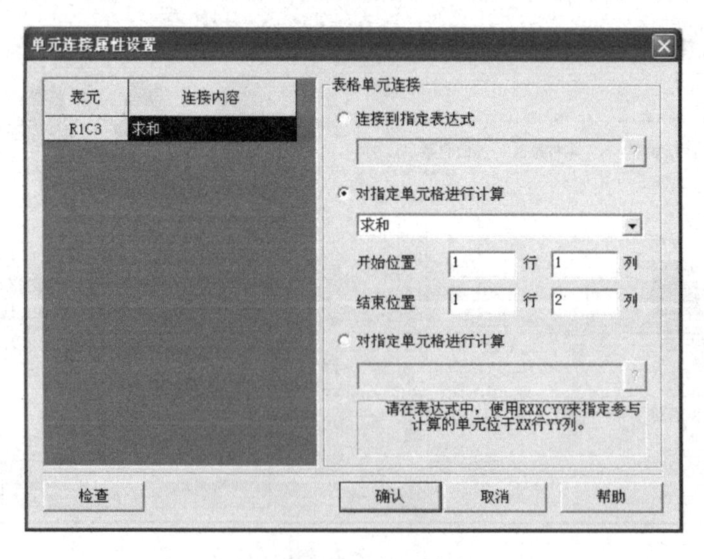

图 5-37　历史表格属性连接内容设置

7. 曲线的组态

本单元通过实时曲线监控变频器运行的频率，这样可以很直观地反映运行频率的变化趋势。

（1）单击“工具箱”内的“实时曲线”按钮，鼠标的光标变成“十”字形，在窗口中拖曳鼠标，拉出一个8×8的网格，如图5-38所示。

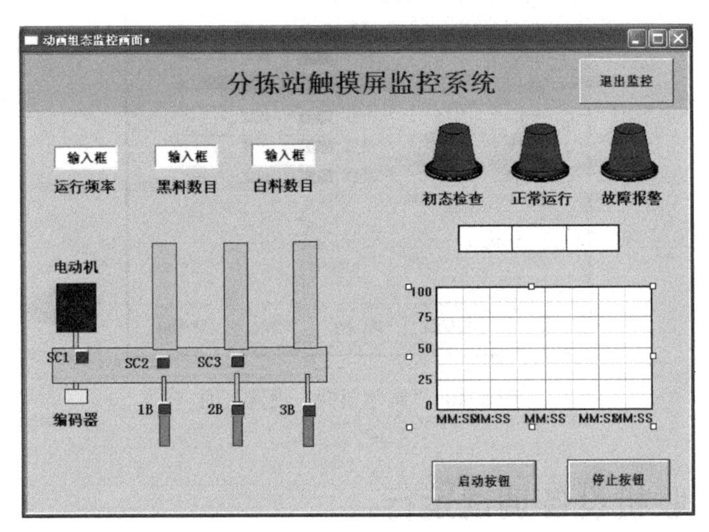

图5-38　实时曲线图

（2）鼠标左键双击该网格，弹出“实时曲线构件属性设置”窗口，如图5-39所示。

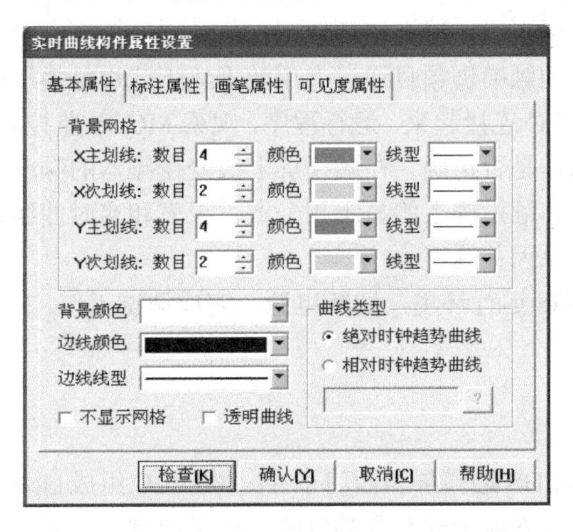

图5-39　“实时曲线构件属性设置”窗口

（3）其他属性。根据自己的喜好自行设置其他属性。本单元要在“画笔属性”页面连接变量和选择曲线的颜色，单击“确认”即可，如图 5-40 所示（彩色效果见电子课件）。

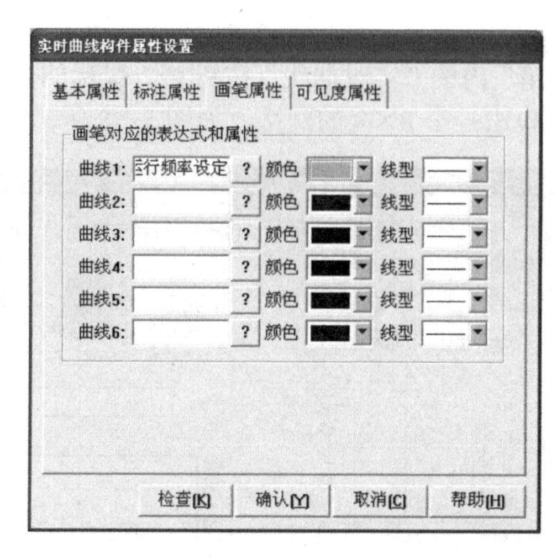

图 5-40 “画笔属性”设置页面

任务 4 联机设备调试运行

（1）根据控制要求，编写 PLC 控制程序（具体程序这里不详细说明），发送到 PLC 中进行调试。将西门子 S7-200 PLC 上的开关拨至“RUN”，按下启动按钮后，观察 PLC 输出是否正确，如果运行不正确，退出监控程序，修改 PLC 程序，上电运行，直至正确，退出该环境。

（2）把组态好的触摸屏项目通过专用数据线下载进触摸屏中。用 PPI 电缆把触摸屏和 S7-200 PLC 连接起来，运行程序，观察 MCGS 监控画面中各个电磁阀、传感器、指示灯动作是否正确。在触摸屏上改变变频器的频率，看变频器面板上运行的频率是不是和触摸屏上的显示相一致，报表和实时曲线是不是符合要求，如果不正确，查找原因并修正。

（3）退出 MCGS 运行环境，切断电源，完成调试工作。

项目小结

本单元采用 MCGS 触摸屏和西门子 S7-200 PLC 组成自动控制系统，实现了触摸屏的实时工作状态显示和对变频器的模拟量控制。主要介绍了模拟量比例换算、变频器的简单调试、MCGS 触摸屏的画面切换，以及按钮、指示灯、报表和实时曲线的组态。

触摸屏是操作人员与 PLC 之间双向沟通的桥梁，可以实现操作人员与 PLC 之间的对话，通过对触摸屏的组态，可使运行系统过程可视化，具有报警、记录和归档功能；将系统运行状况实时显示给操作人员，从而能够及时对系统进行响应，确保系统安全、稳定地运行。

项目 6　基于 MCGS 组态软件的实训

实训项目 1　用 IPC 和 MCGS 实现供电系统自动监控

一、实训目的

学习用通用版 MCGS 组态软件实现供电系统的计算机监控。

二、设备组成

装有 MCGS 组态软件的计算机。

三、工艺过程与控制要求

（1）初始状态：

① 2 套电源均正常运行，状态检测信号 G1、G2 都为“1”。

② 供电控制开关 QF1、QF2、QF4、QF5、QF7 都为“1”，处于合闸状态；QF3、QF6 都为“0”，处于断开状态。

③ 变压器故障信号 T1、T2 和供电线路短路信号 K1、K2 都为 0。

（2）控制要求：

① 正常情况下，系统保持初始状态，2 套电源分别运行。

② 若两个电源有 1 个掉电（G1、G2 变为 0），则其对应的 QF1 或 QF2 跳闸，QF3 闭合。

③ 若两个变压器有 1 个产生故障（T1、T2 变为 1），则 QF1、QF4 或 QF2、QF5 跳闸，QF6 闭合。

④ 若 K1 短路（变为 1），QF7 立即跳闸（速断保护）；若 K2 短路（变为 1），QF7 经 2s 延时后跳闸（过流保护）。

⑤ 若两个电源同时掉电或两个变压器同时产生故障，QF1～QF7 全部跳闸。

四、变量定义

根据控制要求，本系统所需要的变量如表 6-1 所示。

表 6-1　参考变量定义

变 量 名	类型	初值	注　　释
电源 G1	开关型	1	1 套电源正常，输入，1 有效
电源 G2	开关型	1	2 套电源正常，输入，1 有效
变压器故障 T1	开关型	0	变压器 1 故障，输入，1 有效
变压器故障 T2	开关型	0	变压器 2 故障，输入，1 有效
短路 K1	开关型	0	短路开关，输入，1 有效，用于速断保护
短路 K2	开关型	0	短路开关，输入，1 有效，用于过流保护
QF1	开关型	1	供电控制开关，输出，1 为合闸
QF2	开关型	1	供电控制开关，输出，1 为合闸
QF3	开关型	0	供电控制开关，输出，1 为合闸
QF4	开关型	1	供电控制开关，输出，1 为合闸
QF5	开关型	1	供电控制开关，输出，1 为合闸
QF6	开关型	0	供电控制开关，输出，1 为合闸
QF7	开关型	1	供电控制开关，输出，1 为合闸
ZHV1	开关型	0	定时器状态，1 为时间到

五、画面设计与制作

供电系统监控画面参考设计如图 6-1 所示。画面中除了供电系统外，还设计了 G1 等 6 个按钮，用来在调试时模拟电源运行状态、变压器运行状态和短路故障信号，进行信号输入。

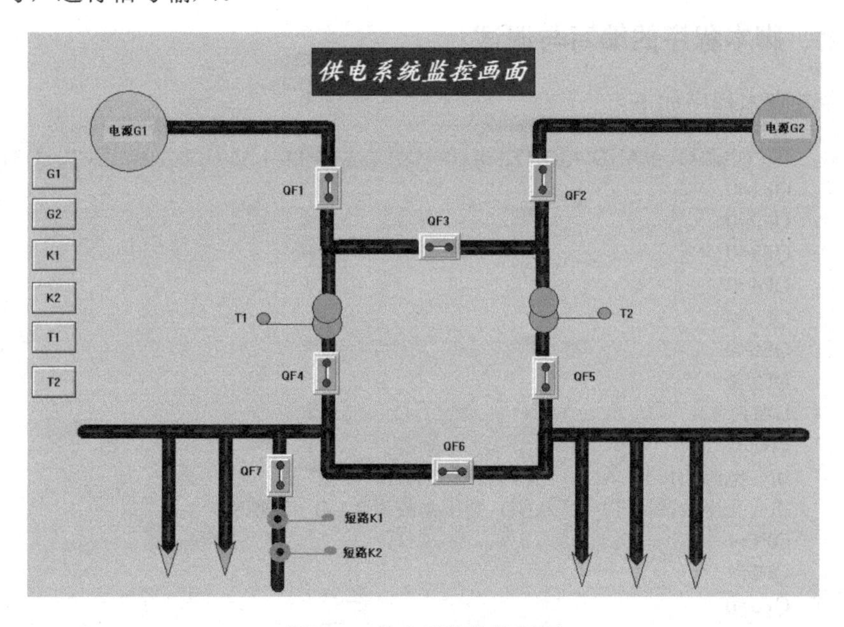

图 6-1　供电系统监控画面

六、动画连接与调试

（1）电源 G1、G2，变压器故障 T1、T2 和短路 K1、K2 状态显示的动画效果：可以通过颜色、亮度或可见度等的变化进行显示。

（2）信号输入模拟：用按钮取反连接。

（3）流动效果：采用流动的动画效果。

（4）延时效果：可利用定时器构件实现，设置方法如图 6-2 所示。

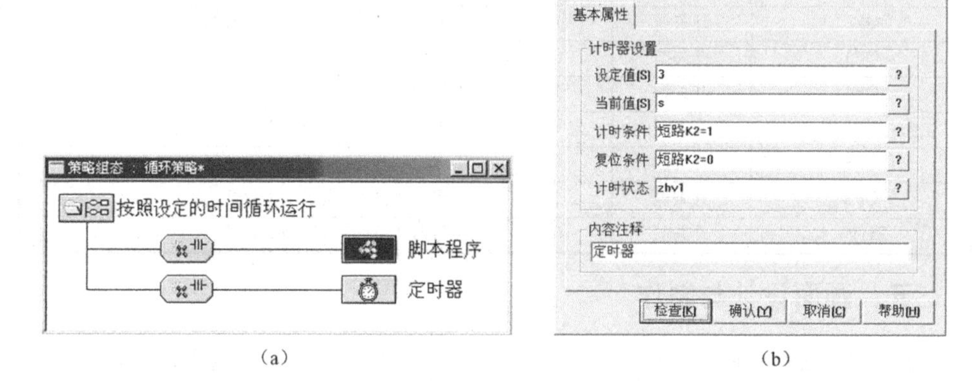

（a）　　　　（b）

图 6-2　定时器构件设置参考图

七、脚本程序的编写与调试

参考脚本程序如下：

```
IF (电源 G1=0 AND 电源 G2=0) OR (变压器故障 T1=1 AND 变压器故障 T2=1) THEN
QF1=0
QF2=0
QF3=0
QF4=0
QF5=0
QF6=0
QF7=0
EXIT
ENDIF
IF 电源 G1=1 AND 电源 G2=1 THEN
IF 变压器故障 T1=0 AND 变压器故障 T2=0 THEN
QF1=1
QF2=1
QF3=0
QF4=1
```

```
QF5=1
QF6=0
ENDIF
IF  变压器故障 T1=0  AND 变压器故障 T2=1  THEN
QF1=1
QF2=0
QF3=0
QF4=1
QF5=0
QF6=1
ENDIF
IF  变压器故障 T1=1  AND  变压器故障 T2=0  THEN
QF1=0
QF2=1
QF3=0
QF4=0
QF5=1
QF6=1
ENDIF
ENDIF
IF  电源 G1=1  AND  电源 G2=0  THEN
IF  变压器故障 T1=0  AND  变压器故障 T2=0  THEN
QF1=1
QF2=0
QF3=1
QF4=1
QF5=1
QF6=0
ENDIF
IF  变压器故障 T1=0  AND  变压器故障 T2=1  THEN
QF1=1
QF2=0
QF3=0
QF4=1
QF5=0
QF6=1
ENDIF
IF  变压器故障 T1=1  AND 变压器故障 T2=0  THEN
QF1=1
QF2=0
QF3=1
QF4=0
QF5=1
QF6=1
ENDIF
```

```
ENDIF
IF  电源 G1=0  AND 电源 G2=1 THEN
IF  变压器故障 T1=0  AND 变压器故障 T2=0 THEN
QF1=0
QF2=1
QF3=1
QF4=1
QF5=1
QF6=0
ENDIF
IF  变压器故障 T1=0  AND 变压器故障 T2=1  THEN
QF1=0
QF2=1
QF3=1
QF4=1
QF5=0
QF6=1
ENDIF
IF  变压器故障 T1=1  AND 变压器故障 T2=0  THEN
QF1=0
QF2=1
QF3=0
QF4=0
QF5=1
QF6=1
ENDIF
ENDIF
IF  短路 K1=0  AND 短路 K2=0  THEN  QF7=1
IF  短路 K1=1  THEN  QF7=0
IF  ZHV1=1  THEN  QF7=0
```

请读者总结参考程序的不足，结合对象的实际情况，写出更好的、属于自己的控制程序。

实训项目 2　用 IPC 和 MCGS 实现三层电梯控制

一、实训目的

学习用通用版 MCGS 组态软件实现三层电梯监控系统的设计。

二、设备组成

装有 MCGS 组态软件的计算机。

三、工艺过程与控制要求

（1）初始状态时假设电梯处于第 1 层待命。当乘客进入电梯按下其想去的楼层后，该楼层对应的数字保持常亮，当电梯到达对应的楼层时电梯门自动打开，经过一段时间后门自动关闭。

（2）由于电梯只有三层，所以当每个楼层都有乘客按按钮时电梯先按照当前的状态上升或下降，当该动作结束后再执行相反的动作。

（3）当电梯执行完上升或下降的任务后，电梯将停留在该层，直到有新的指令后电梯再次进入运行状态。

（4）当按动某个呼叫按钮时，相应的按钮保持常亮，直到该动作结束后，该按钮熄灭。

四、变量定义

根据控制要求，本系统所需要的变量如表 6-2 所示。

表 6-2　三层电梯监控系统变量分配表

变 量 名	类　型	初　值	注　释
一层内选按钮	开关型	0	一层内选按钮
一层内选指示	开关型	0	一层内选指示
一层上呼按钮	开关型	0	一层上呼按钮
一层上呼指示	开关型	0	一层上呼指示
一层门	数值型	0	一层门位置
一层门关标志	开关型	0	一层门关到位时，一层门关标志=1
一层指示	开关型	0	一层指示
二层内选按钮	开关型	0	二层内选按钮
二层内选指示	开关型	0	二层内选指示
二层上呼按钮	开关型	0	二层上呼按钮
二层上呼指示	开关型	0	二层上呼指示
二层下呼按钮	开关型	0	二层下呼按钮
二层下呼指示	开关型	0	二层下呼指示
二层门	数值型	0	二层门位置
二层指示	开关型	0	二层指示

续表

变量名	类型	初值	注释
二层门关标志	开关型	0	二层门关到位时，二层门关标志=1
三层内选按钮	开关型	0	三层内选按钮
三层内选指示	开关型	0	三层内选指示
三层下呼按钮	开关型	0	三层下呼按钮
三层下呼指示	开关型	0	三层下呼指示
三层门	数值型	0	三层门位置
三层门关标志	开关型	0	三层门关到位时，三层门关标志=1
三层指示	开关型	0	三层指示

五、画面设计与制作

可供参考的三层电梯监控画面设计如图 6-3 所示。

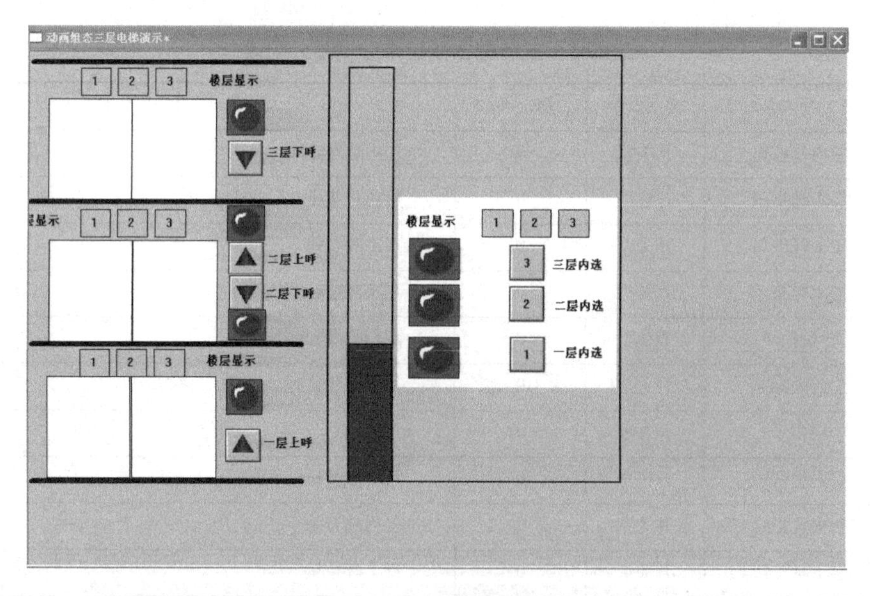

图 6-3　三层电梯监控系统画面

六、动画连接与调试

1. 指示灯变化的动画效果设置

以一层内选指示灯为例，双击一层内选指示灯，弹出“单元属性设置”窗口。

选中“数据对象”标签页中的“可见度”，单击右端出现的浏览按钮?，双击数据对象列表中的“一层内选指示”，单击“确认”，如图 6-4 所示。其他指示灯的设置与此类似。

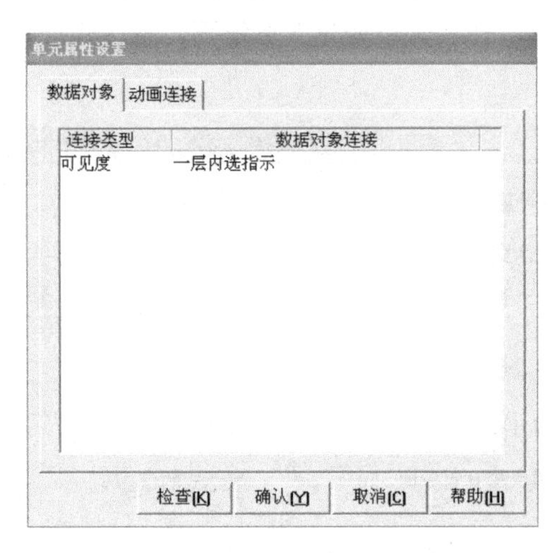

图 6-4　一层内选指示灯动画连接

2. 按钮的动画效果设置

双击一层上呼按钮，弹出“单元属性设置”窗口。选中“数据对象”标签页中的“按钮输入”，单击右端出现的浏览按钮?，双击数据对象列表中的“一层上呼按钮”，单击“确认”，如图 6-5 所示。其他按钮的设置与此类似。

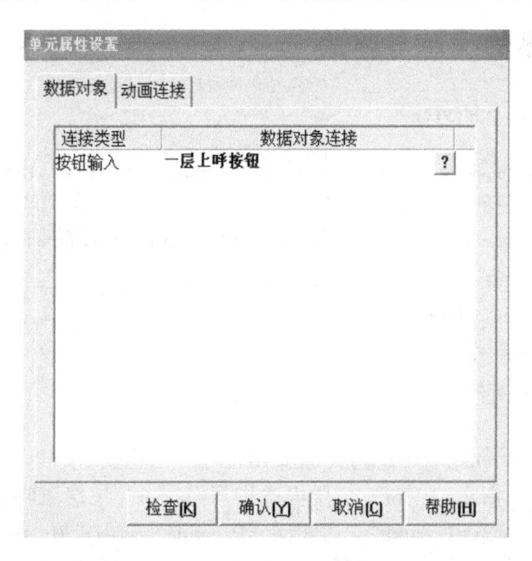

图 6-5　一层上呼按钮动画连接

3. 设置电梯门的动画效果

双击一层电梯门，弹出“动画组态属性设置”窗口，在“位置动画连接”一栏中选中“大小变化”。在“大小变化”标签页，表达式选择“一层门”，参数设置如图 6-6 所示。

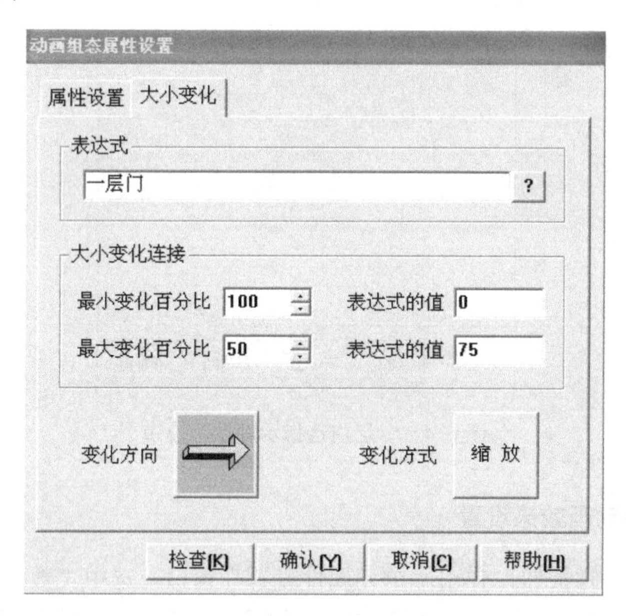

图 6-6　一层电梯门动画连接

七、脚本程序的编写与调试

参考脚本程序如下所示：

```
        if  一层门关标志=1  and  一层指示=1  and 一层门>0  then 一层门=一层门-2
        if  (一层上呼指示=1  or  一层内选指示=1  or  二层内选指示=1  or  三层内选指示=1 or  二层上呼指示=1  or  三层下呼指示=1)  and  一层指示=1  and  一层门关标志=0  and 一层门<140  and  move=0  then 一层门=一层门+2
        if  一层门=140  then
         一层门关标志=1
        一层上呼指示=0
        endif
        if  一层门=0  then  一层门关标志=0
        if  (三层内选指示=1  or  一层内选指示=1  or  三层下呼指示=1  or  一层上呼指示=1) and  二层门关标志=1  and  二层指示=1  and  二层门>0  then 二层门=二层门-2
        if  二层指示=1  and  二层门<140  and  二层门关标志=0  and  move=-80
```

```
then 二层门=二层门+2
        if  二层门=140  then
         二层门关标志=1
        二层下呼指示=0
        二层上呼指示=0
        endif
        if  二层门=0  then 二层门关标志=0
        if  三层门=140  then
         三层门关标志=1
        三层下呼指示=0
        endif
        if  三层门=0  then 三层门关标志=0
        if  (二层内选指示=1  or  一层内选指示=1  or  三层下呼指示=1  or  二层下呼
指示=1 or  二层上呼指示=1  or  一层上呼指示=1)  and  三层门关标志=1  and  三层指示
=1  and  三层门>0  then
        三层门=三层门-2
        endif
        if  二层内选按钮=1  and  一层指示=1  then 二层内选指示=1
        if  三层内选按钮=1  and  一层指示=1  then 三层内选指示=1
        if  二层下呼按钮=1  and  (一层指示=1  or  二层指示=1)  then  二层下呼指
示=1
        if  二层上呼按钮=1  and (一层指示=1  or  二层指示=1  or  三层指示=1)  then
二层上呼指示=1
        if  三层下呼按钮=1  and  一层指示=1  then  三层下呼指示=1
        if  三层内选按钮=1  and  二层指示=1  then  三层内选指示=1
        if  三层下呼按钮=1  and  (二层指示=1  or  三层指示=1)  then  三层下呼指示=1
        if  二层内选按钮=1  and  三层指示=1  then  二层内选指示=1
        if  一层内选按钮=1  and  三层指示=1  then  一层内选指示=1
        if  二层下呼按钮=1  and  三层指示=1  then  二层下呼指示=1
        if  一层上呼按钮=1  and  三层指示=1  then  一层上呼指示=1
        if  一层内选按钮=1  and  (二层指示=1  or  一层指示=1 )  then 一层内选指示=1
        if  一层上呼按钮=1  and  (二层指示=1  or  一层指示=1)  then 一层上呼指示=1
        if  move=0  then
        一层指示=1
        二层指示=0
        三层指示=0
        endif
        if  move=-80  then
        二层指示=1
        一层指示=0
        三层指示=0
```

```
endif
if  move=-160  then
二层指示=0
一层指示=0
三层指示=1
endif
if  move=0  and  一层门=140  then
一层内选指示=0
endif
if  move=-80  then
二层内选指示=0
二层上呼指示=0
二层下呼指示=0
endif
if  move=-160  then  三层内选指示=0
```

请读者总结参考程序的不足，结合对象的实际情况，写出更好的、属于自己的控制程序。

实训项目 3　用 IPC 和 MCGS 实现多级传送带控制

一、实训目的

学习用通用版 MCGS 组态软件实现多级传送带监控系统的设计。

二、设备组成

装有 MCGS 组态软件的计算机。

三、工艺过程与控制要求

（1）开关打到自动状态时，按下启动按钮，传送带 1 至传送带 4 依次顺序延时启动。按下停止按钮，传送带依次逆序延时停止。

（2）开关打到手动状态时，先按下传送带 1 的启动按钮 1，传送带 1 启动，然后依次按下传送带 2、3、4 的启动按钮，传送带 2、3、4 顺序启动。停止则逆序停止，先按下传送带 4 的停止按钮 4，传送带 4 停止，然后依次按下传送带 3、2、1 的停止按钮，传送带 3、2、1 依次停止。

四、变量定义

根据控制要求，本系统所需要的变量如表 6-3 所示。

表 6-3　多级传送带监控系统变量分配表

变量名	类型	初值	注　释
启动	开关型	0	自动状态时启动按钮
停止	开关型	0	自动状态时停止按钮
启动 1	开关型	0	手动状态时传送带 1 启动按钮
启动 2	开关型	0	手动状态时传送带 2 启动按钮
启动 3	开关型	0	手动状态时传送带 3 启动按钮
启动 4	开关型	0	手动状态时传送带 4 启动按钮
停止 1	开关型	0	手动状态时传送带 1 停止按钮
停止 2	开关型	0	手动状态时传送带 2 停止按钮
停止 3	开关型	0	手动状态时传送带 3 停止按钮
停止 4	开关型	0	手动状态时传送带 4 停止按钮
电机 1	开关型	0	驱动传送带 1 的电机 1
电机 2	开关型	0	驱动传送带 2 的电机 2
电机 3	开关型	0	驱动传送带 3 的电机 3
电机 4	开关型	0	驱动传送带 4 的电机 4
a	数值型	0	存放延时启动定时器的当前值
b	数值型	0	存放延时停止定时器的当前值

五、画面设计与制作

可供参考的多级传送带监控系统画面设计如图 6-7 所示。

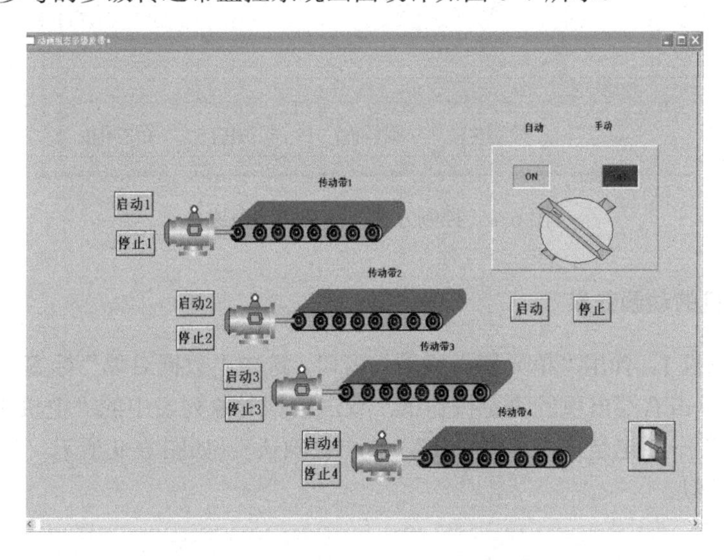

图 6-7　多级传送带监控系统画面

六、动画连接与调试

1. 控制方式选择开关的动画效果

双击控制方式选择开关，弹出"单元属性设置"窗口。选中"数据对象"标签页中的"按钮输入"，单击右端出现的浏览按钮?，双击数据对象列表中的"自动"，同样，"可见度"一栏中也是选中"自动"，单击"确认"，如图 6-8 所示。

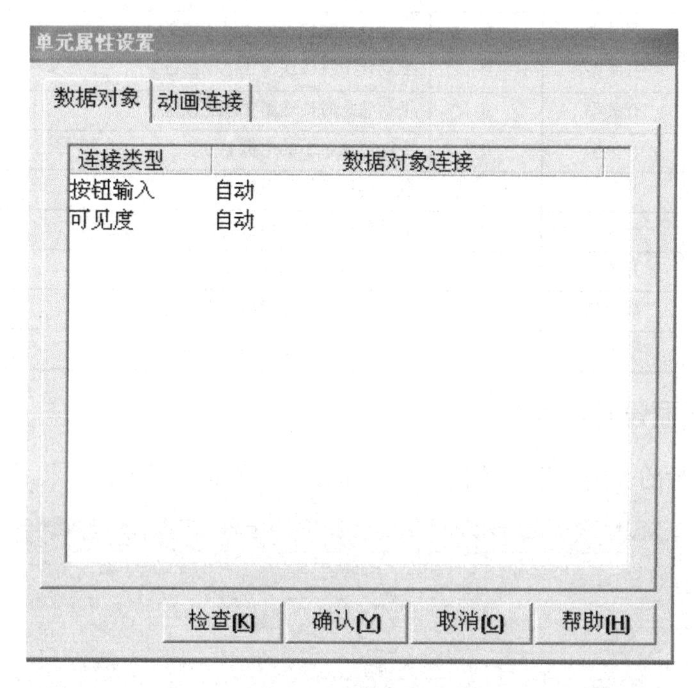

图 6-8　控制方式选择开关动画连接

2. 电机的动画效果

双击电机 1，弹出"单元属性设置"窗口。选中"数据对象"标签页中的"填充颜色"，单击右端出现的浏览按钮?，双击数据对象列表中的"电机 1"，同样，"按钮输入"一栏也是选中"电机 1"，单击"确认"，如图 6-9 所示。其他电机的设置与此类似。

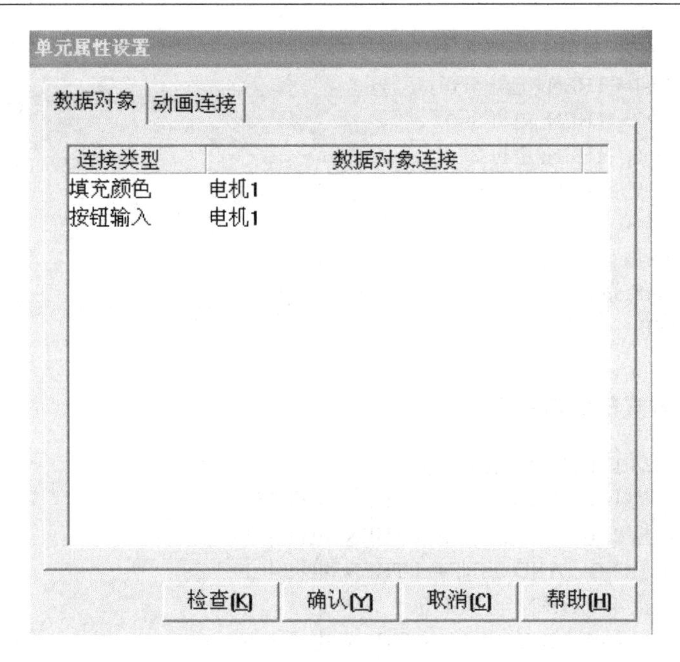

图 6-9　电机 1 动画连接

七、脚本程序的编写与调试

1. 自动方式的脚本程序

```
!TimerSetLimit(2,10,1 )
!TimerSetOutput(2,a )
!TimerSetLimit(3,10,1 )
!TimerSetOutput(3,b )
IF 停止=1   AND 启动=0 THEN
!TimerRun(3)
!TimerReset(2,0 )
!TimerStop(2)
ENDIF
IF 启动=1 AND 停止=0 THEN
电机 1=1
!TimerRun(2)
!TimerReset(3,0 )
!TimerStop(3)
ENDIF
IF a >=3   THEN 电机 2=1
IF a >=6   THEN 电机 3=1
```

```
IF a >=9   THEN 电机 4=1
IF b>=1   THEN 电机 4=0
IF b>=3   THEN 电机 3=0
IF b>=6   THEN 电机 2=0
IF b>=9   THEN
电机 1=0
!TimerReset(3,0 )
!TimerStop(3)
ENDIF
```

2. 手动方式的脚本程序

```
IF 启动 1=1 THEN 电机 1=1
IF 电机 1=1   AND 启动 2=1 THEN 电机 2=1
IF 电机 2=1   AND 启动 3=1 THEN 电机 3=1
IF 电机 3=1   AND 启动 4=1 THEN 电机 4=1
IF 停止 4=1 THEN 电机 4=0
IF 电机 4=0   AND 停止 3=1 THEN 电机 3=0
IF 电机 3=0   AND 停止 2=1 THEN 电机 2=0
IF 电机 2=0   AND 停止 1=1 THEN 电机 1=0
```

总结参考程序的不足，结合对象的实际情况，写出更好的、属于自己的控制程序。

实训项目 4　用 IPC 和 MCGS 实现加热反应炉自动监控

一、实训目的

学习用通用版 MCGS 组态软件实现多级传送带监控系统的设计。

二、设备组成

装有 MCGS 组态软件的计算机。

三、工艺过程与控制要求

利用 MCGS 或组态王软件、IPC 和 PLC（或 I/O 板卡、I/O 模块）构成加热反应炉的计算机监控系统，实现以下功能：

- 按启动按钮后，系统运行；按停止按钮后，系统停止；二者信号互斥。
- 在计算机中显示反应炉工作状态。

第 1 阶段：送料控制。

（1）检测下液面 X1、炉内温度 X2、炉内压力 X4 是否都不大于给定值（都为“0”）。

（2）若是，则开启排气阀 Y1 和进料阀 Y2。

（3）当液面上升到上液面 X3 时，应关闭排气阀 Y1 和进料阀 Y2。

（4）延时 10s，开启氮气阀 Y3，氮气进入反应炉，炉内压力上升。

（5）当压力上升到给定值时，即 X4=1，关断氮气阀。送料过程结束。

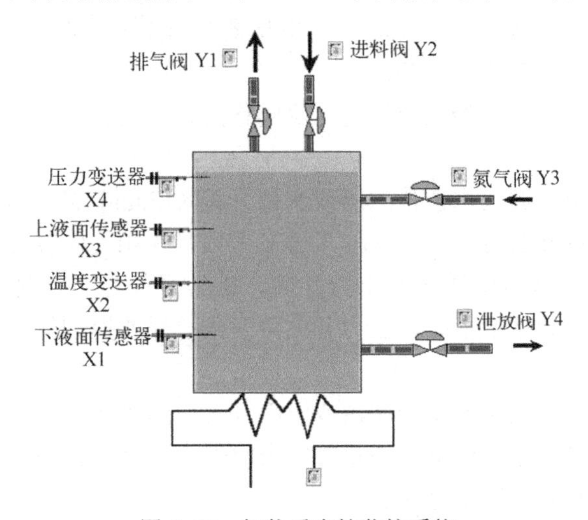

图 6-10　加热反应炉监控系统

第 2 阶段：加热反应控制。

（1）接通加热炉电源 Y5。

（2）当温度上升到给定值时（此时信号 X2=1），切断加热电源。加热过程结束。

第 3 阶段：泄放控制。

（1）延时 10s，打开排气阀 Y1，使炉内压力降到给定值以下（此时 X4=0）。

（2）打开泄放阀 Y4，当炉内水位降到下液面以下（此时 X1=0），关闭泄放阀 Y4 和排气阀 Y1。系统恢复到原始状态，准备进入下一循环。

要求查阅加热反应炉监控系统相关资料；能够根据控制要求制定控制方案、选择 I/O 接口设备，正确画出加热反应炉监控系统电路原理图；能够应用 MCGS 组态软件进行监控画面的制作和程序的编写、调试。

四、设计参考

加热反应炉监控系统通过对炉温、炉内压力及水位的检测实现送料控制、加热控制及泄放控制。本系统通过压力变送器、水位传感器和温度变送器检测压力、水位及炉内温度，控制电磁阀的动作。

（1）监控系统对象分析。

- 监控系统的控制对象——加热炉。
- 控制参数——加热炉水位、炉内压力和温度。
- 控制目标——使水位、炉温和炉内压力处于给定值范围内。
- 控制变量——控制 4 个电磁阀，1 个电加热器的通断。
- 检测装置——水位传感器、压力变送器和温度变送器。

（2）控制系统方案确定。略。

（3）设备选型。本监控系统采用电磁阀作为执行机构，设备的选型可参考前面的项目。

水位的检测可以通过水位传感器或水位开关（Liquid Level Switch）实现，位于炉上的二个水位开关可以检测水位（可参考项目 3 相关内容）。

压力检测采用压力变送器或压力开关。压力开关是一种简单的压力控制装置，当被测压力达到额定值时，压力开关可发出警报或控制信号（可参考项目 3 相关内容）。

温度的检测可以采用温度变送器或温度开关，温度变送器是将温度的变化以电流或者电压的形式输出至测量装置的一个组件。温度开关是温度到达设定值，则产生关闭或者开启电源信号的装置。

温度变送器可以是温度开关的探头组件，如图 6-11 所示。

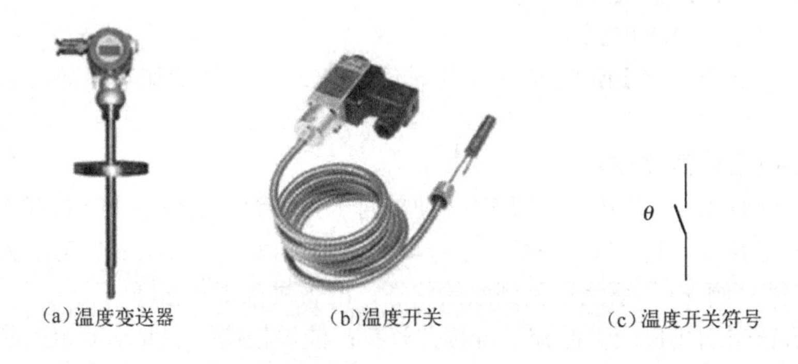

图 6-11　温度变送器、温度开关及其符号

（4）参考画面设计。参考画面如图 6-12 所示，画面中除了加热炉反应系统外，还设计了 SB1 等 6 个按钮，用来在调试时模拟打开、关闭相应开关，进行信号控制。

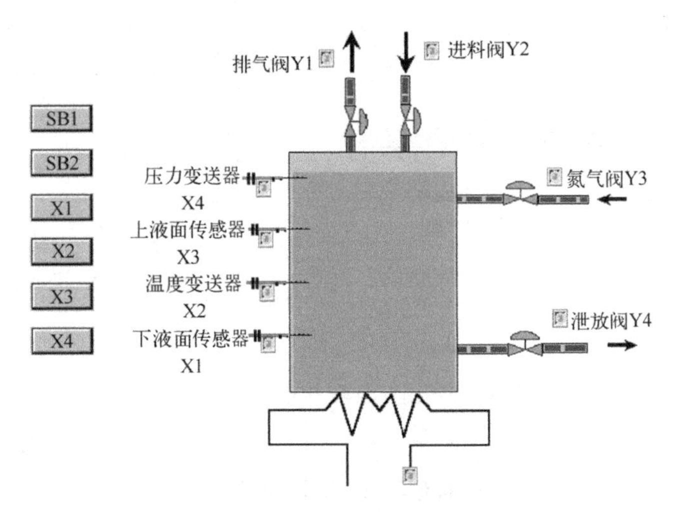

图 6-12　加热反应炉监控系统

（5）I/O 分配。若使用 PLC 作为 I/O 接口设备，请参考表 6-4。

表 6-4　加热反应炉监控系统的参考 I/O 分配表

输　入		输　出	
对象	PLC 接线端子	对象	PLC 接线端子
下液面检测（X1）	I0.0	排气阀（Y1）	Q0.0
炉内温度（X2）	I0.1	进料阀（Y2）	Q0.1
上液面检测（X3）	I0.2	氮气阀（Y3）	Q0.2
炉内压力（X4）	I0.3	泄放阀（Y4）	Q0.3
启动按钮（SB1）	I0.4	加热炉电源（Y5）	Q0.4
停止按钮（SB2）	I0.5		

（6）变量定义。参考变量定义见表 6-5。

（7）动画连接与调试。

① 在按钮 SB1 属性设置窗口中的“脚本程序”里写入：

```
SB1=1
SB2=0
```

确保二者不同时为 1。

② 用剪切或缩放效果表现液面的变化。

③ 定时器的制作如图 6-13 所示。

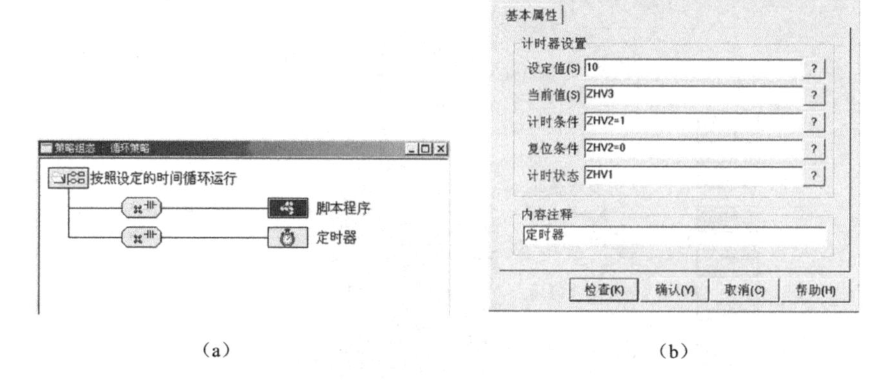

（a）　　　　（b）

图 6-13　循环策略中定时器的设置

表 6-5　参考变量定义

变　量　名	类　　型	初　　值	注　　释
X1	开关型	0	下液面检测，开关量输入，水位超过下液面时为 1，否则为 0
X2	开关型	0	炉内温度，开关量输入，温度超过设定值时为 1，否则为 0
X3	开关型	0	上液面检测，开关量输入，水位超过上液面时为 1，否则为 0
X4	开关型	0	炉内压力，开关量输入，压力超过设定值时为 1，否则为 0
SB1	开关型	0	启动按钮，开关量输入，按下为 1，再按为 0,1 有效
SB2	开关型	0	停止按钮，开关量输入，按下为 1，再按为 0,1 有效
Y1	开关型	0	排气阀，开关量输入，1 有效
Y2	开关型	0	进料阀，开关量输入，1 有效
Y3	开关型	0	氮气阀，开关量输入，1 有效
Y4	开关型	0	泄放阀，开关量输入，1 有效
Y5	开关型	0	加热炉电源，开关量输入，1 有效
ZHV1	开关型	0	定时器时间到
ZHV2	开关型	0	定时器启动
ZHV3	数值型	0	定时器计时时间
水	数值型	0	动画参数

关于本实训项目的监控设计，请读者参考前面的实训项目自己完成。

附录 A　本教材对应的国家资源库课程学习步骤

第 1 步：登录智慧职教官方网站，并注册，注册网址如下（或扫描二维码）：

http://www.icve.com.cn/portal/register/register.html

第 2 步：注册完成，并且通过邮箱激活后，登录系统，找到相关课程（如《工控组态与现场总线技术》），单击进入，参加学习。

方法 1：打开网址：www.icve.com.cn/irobot，如图 A-1 所示。

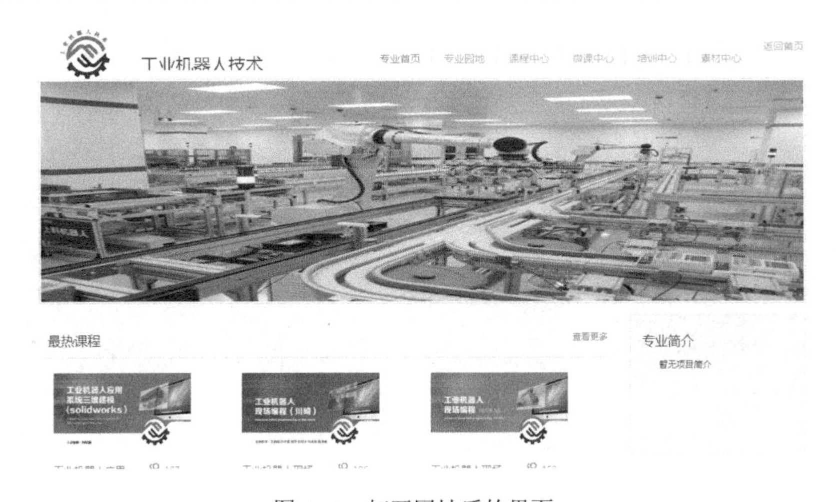

图 A-1　打开网址后的界面

方法 2：在主页搜索专业：工业机器人技术，如图 A-2 所示。

专业

海纳百川　有容乃大

工业机器人技术

图 A-2　搜索界面

参 考 文 献

[1] 袁秀英，石梅香. 计算机监控系统的设计与调试—组态控制技术[M].2 版.北京：电子工业出版社，2010.

[2] 谢军，单启兵.组态技术应用教程[M].北京：中国铁道出版社，2012.

[3] 吕景泉.自动化生产线安装与调试[M].2 版.北京：中国铁道出版社，2009.